されどアナログな日々

牧野茂雄

アルファベータ

セットでないとつまらないもの。
ごはんとみそ汁、トーストとバター、鴨にネギ
ストレートのスコッチとドライフルーツ、人生とシガー（葉巻）
それと、デジタル・テクノロジーとアナログ技術

まえがき

知らないほうが幸せだったかもしれない。

三十五年ほど前の中学生時代、わが家の居間に鎮座していたステレオセットの音を聴くことで「ハイファイオーディオ」に目覚め、機材との出会いを重ねながらオーディオ趣味にのめり込んでいった私は、ただ「音が出ている」だけでは満足できない。デジタルだろうがアナログだろうが、自分が納得するまで機械と格闘しなければ気が済まない人間になってしまった。自分にとっての「いい音」というものを、なんとなく自覚してしまったゆえの余計な出費と時間の浪費は、振り返ってみればおそろしい額と量である。

しかし、知ってしまったがゆえの喜びもある。一万円でおつりが来る買い物で数カ月をご機嫌に暮らせたり、ちょっとした工夫で自分のオーディオセットの音が変わったり、のめり込んで良かったと思える瞬間は幾度となく体験した。音楽を聴くことが楽しくなり、日々の暮らしそのものが楽しくなる。だからやめられない。

工業製品をつかうことで得るオーディオ趣味の快感と充足感は、演奏家が奏でるナマ音に触れることで得られる感動とは、また少し違う。「自分」がそこに介在している。だからのめり込んでしまう。自分のオーディオセットから飛び出す音は、まさに自分だけのものであり、他人がそれをどう感じようが知ったことではない。

ときにオーディオは音質も空間も超える。ｉＰｏｄを持って出かけた先で、いま聴いている楽曲のごとき光景を目にしたときは、耳に入ってくる音が「デジタル臭い圧縮音源」だとしても、まったく問題ない。のんびりと走るクルマの中で、突然ＡＭラジオから懐かしい曲が流れてきたときも同じ。周波数特性やダイナミックレンジなどどうでもよく、その曲が「いま」流れていることがすべてなのである。

しかしオーディオは、音のクォリティがすべてでもある。お金と時間をつぎ込んだ自室のシステムについてはそう願う。この二面性もオーディオの楽しさだ。コンディションが整った貯蔵庫に眠るヴィンテージワインは文句なく美味い。しかし、グラス売りされているテーブルワインがひじょうに美味く感じるシチュエーションも存在する。オーディオ趣味は、この両方が楽しい。

本書は、二〇〇五年に出版した『アナログな日々　ときどきモバイル』の続編であり、筆者の私的オーディオ体験をみなさんにも共有していただこうという趣旨は前作とまったく変わらない。オーディオメディアがこぞって礼賛しているような最新の高額機材が登場しない点で言えば、ヴィンテージワインの書ではなくＢＣ級グルメの書である。ひとりのオーディオマニアの日常をつづったスナップ写真だけのアルバムのようなものだ。こういう楽しみ方をしている同胞がいるということを認識戴ければ幸いである。

目次

初出
クラシックジャーナル016号（二〇〇五年十一月）〜032号（二〇〇八年七月）

アズ・タイム・ゴーズ・バイ

一本のＲＣＡピンケーブルに一目ぼれしてしまった。ＴＭＤという小規模ガレージメーカーの製品「Ｂ２」である。妖し気な雰囲気を漂わせた優雅な絹の「服」を着ている。中身はヴィンテージの単線。製造されてから八〇年以上も経った電線であり、しかも細い電線を何十本も束ねた一般的な「撚り線」ではなく、一本の金属棒による単線。その音にはなんとも言えない色気があった。欲しい。しかし限定五〇セットという希少品であり、私がじっと見つめるそのケーブルは、すでに所有者が決まっていた。「つくってみよう」と私は決心した。

「ヴィンテージ線にたどりつくまでには、長いお話があるんですよ」

ＴＭＤの畑野さんは手短にお話してくれたが、語られることばのすべてに私は「うんうん」とうなずいてしまった。実体験ならではの、説得力のあるストーリーだった。

「はじめのうちは、銅や真ちゅうといった金属を単体でアンプ内の配線などにつかっていました。単純に、自分が気に入る音の金属を見付けようという試みでしたが、熱処理のやりかたなどでいろいろとトライしてみると、じつにこれが奥深いんですよ」

畑野さんが主宰するTMDは、録音スタジオ向けのプリアンプやエレクトリックギター用のエフェクター類などを設計・製造・販売している。プロオーディオ、コンシューマー向けオーディオ、ミュージシャン向け機材と活動範囲は幅広いが、それらの設計プロセスのなかで『電線の重要性』を思い知らされたという。その結果、現在は独創的な素材と構造のRCAピンケーブルが同社の製品ラインナップに加わっている。私が一目ぼれしてしまったケーブル「B2」は、そのなかの一本だ。

「単一金属のつぎに、異種金属の組み合わせを考えました。これがさらに奥深いんです(笑)。釜のなかで金属を溶かすわけですが、ホント、これ、料理と同じなんですよ。最初にどの金属を溶かしたか。それをどれくらいの時間にわたって加熱したか。二番目にどの金属を入れたか。それをどれくらい煮込んだか……たんに金属の配合比率だけじゃないんです。レシピそのものが音を変えるんです」

なぜ単一金属から自分流『合金』に変えたかといえば、その理由は音色だという。

「単一素材も善し悪しで、なにか物足りないと思ったんです。それから自分で金属を調合するようになり、ああ、これは音がいいな……と思った合金がいくつか完成しました。ところが、こんどはその合金をどれくらい寝かせてから電線にするかで、またまた音が変

入手したヴィンテージワイヤー。被覆が紙製のものや絹巻き、エナメルコーティングなど、1940 年代以前のものばかりだ。

わる。釜から出して、すぐに細い電線にして音を出してみると、やっぱり新しい金属の音がするんです。寝かせると音が変わる。金属自体のエージング効果です」

うん、わかります。金属にまつわる不思議な体験は、私自身もたくさんある。

「自分でも試作用にと釜を購入したのですが、製品をつくるとなると同じ金属が大量に要るから、やはり外注しなければならない。そうするとまた、同じレシピでも音が微妙に変わるんです。一トンの素材をオーダーして、出来上がった金属を電線にして音を聴いてみて、あちゃー……っていうことになった。何度もね。結局、個人レベルで金属づくりにまで入り込んでしまうのは無理があると考えて、出来合いのいい金属を探すことにしました。たどりついたのがヴィンテージワイヤーだったのですよ」

なるほど。ヴィンテージ線なら、製造されてからかなりの年月が経っている。金属の組成は安定している。

いまさら味は変わらないだろう。

「とにかく、世の中に残っているヴィンテージ線をいろいろ買い集めて、ひとつひとつ試聴してみたんです。そのなかで、ああ、こいつはいける！　と思ったものをアンプの配線や信号ケーブルにつかうことにしました」

……と、畑野さんは手短かに話してくれたが、単一金属の熱処理からはじまった金属導体探しがヴィンテージ線へとたどりつくまでの道のりは十年以上におよんだそうだ。ひとつのものをとことん追究することは、そのまま時間の消費であり、それはつまり「人生を賭けること」。あるオーディオショップでＴＭＤの製品を初めて見せられたときのことを思い出した。製品名は「インカブルー」。顔馴染みの店員さんはこう言った。

「これ、中身はヴィンテージ線だよ。昔の電線は保存状態によって微妙に音が変わるから、ここの会社はひとつのコイルからしか同じ製品をつくらないんですよ。だから生産本数は少ない。コレ、音は牧野さん好みだと思うよ」

しかし、そのときは値段で手が出なかった。

「うん、なにかオーラを感じる。でも、ケーブルをとっかえひっかえするのは趣味じゃないし、オレにとってケーブル類は消耗品だから……まあ、お金に余裕があれば欲しいけれどね」

私の買い物の内容をよくご存知の店員さんは、さらにこう言った。

「オーディオ趣味が行くところまで行っちゃうと、その先はケーブルなんだけどなァ……そのうちアンプやスピーカーの買い換えに飽きるだろうから、牧野さんの五〇代はケーブルさがしだね（笑）」

畑野さんのお話を聞きながら、頭の片隅ではこんなやりとりを思い出していた。うん、やっぱりTMDのケーブルに感じたオーラは本物だったんだ！

同時に、夜な夜な仕事の合間に（というか仕事を自主的にほっぽりだして）考えているヴィンテージ線利用のアイデアがどんどん勝手にふくらんでゆく。じつはインターネットのオークションで十数種類のヴィンテージ線を買ってあるのだ。昔のWE（ウェスタン・エレクトリック社）やベルデンの単線を中心に、ゲージ（電線の導体の太さ）と被覆の違いで選んでみた。ホット側とコールド側にそれぞれ異なる種類のヴィンテージ線をつかい、その組み合わせを試して、あとはシルクやらコットンやらの天然素材で被覆をつくる。被覆による音の違いも試してみたい。TMD訪問は、取材というよりも自作ケーブルのためのヒント集めだから、これはもう立派な職権乱用だな。

「ヴィンテージ線も、保存状態によって音がちがうんですよ。風雨にさらされていないものは、どこか新しい音がする。ギターだってクローゼット・クラシック（仕舞い込んであった年代もの）とミュージシャンが日々愛用していたものとでは音が違います。不思議なことに、ケーブルもそうなんですよ。ウチには、おもしろいヴィンテージ線があるんです。一九世紀のものですが、コレが……」

エッ？　一八〇〇年代ですか!?

「避雷針につかわれていたワイヤーです。とんでもない音を出す（笑）。ガツンという刺激が極端なんです」

そうか、雷の高圧電流ばかり流されていたから、性格がひんまがっちゃったんだ。

「じっさいにつかわれていたヴィンテージ線が面白いんです。そこに流れていたのが音楽信号だったのか、アラームだったのか、あるいはたんなる電流とか、雷とか……その電線自身が体験してきた『信号』の種類によって、出てくる音がまったく違う。やはり、オーディオ回路につかわれていたものは、オーディオに向いています」

いろいろと経験してきた畑野さんならではの、実感がこもったことばだ。うん、私も同感です。昔ながらのジャズ喫茶で聴かせるジャズが、とってもそれっぽくてイイのは、普段から装置自体がジャズを聴かされているからだろう。オーディオコンポーネンツの組み合わせと店内の音響特性だけでなく、店主がかける楽曲に装置自体が慣らされていった結果としての「音」。いつも入ってくる信号に対して抵抗値を下げようとする「精進」が機械の内部でつねに行なわれていて、いつしかジャズのムードを会得してしまう不思議。「そんなバカな」と思う方もいらっしゃるだろうが、私はそう信じている。

「ウチの製品につかう電線は、五センチとか一〇センチの長さで試聴するんです。プロ

ラグ配線で仕上げた真空管アンプの中をのぞいてみれば、電線の大切さがわかる。
写真は大森はルミエールの師匠・菊池さん作の手作りプリアンプ。

用のプリアンプをつくっていますから、内部の配線も重要なんです。回路を決めて、まず抵抗やコンデンサーといったパーツで音を追い込んで、そのあとは配線材です。製品には一定量を安定的に入手できる電線をつかいますが、自分のシステムではあれこれ冒険してみるんですよ。それが楽しいんです（笑）」

そうそう、そこです。私が聞きたいお話は！

「でも、いちばん気に入っている線材はだれにも教えませんよ（笑）」

……と聞いて多少がっかりはしたものの、畑野さんが自ら製作したアンプや改造した機材が並べられたスタジオを見せていただき、WE製の巨大で丈夫そうなヴィンテージ・コンデンサーをつかった自作パワーアンプや内部の配線材が見えるプリアンプをのぞき込み、じっさいに音出しをしてもらって「畑野流リアリティ」を耳で感じた私は、心のなかで新しいマイスター（師匠）に弟子入りしていた。理論と行動が一致している人は、やっぱりスゴい。

金属フェチの私がさらに納得してしまったのは、畑野さんのハンダ・コレクションである。二〇世紀初頭のものから一九八〇年代のものまでそろえてある。

「昔は、ウチのプリアンプにはハンダをつかっていなかったんです。すべて圧着でした。ハンダをつかうと音が悪くなるからです。しかし、それは近年の日本製ハンダが原因であって、欧米のヴィンテージものをつかうと音がいいんですよ。プリアンプやエレクトリックギターのために地道に買いそろえていって、いまではこんな感じです」

ハンダで音が変わることは日本のオーディオメーカーでも聞いた。大量生産のオーディオ機器では、安価で品質が一定で供給が安定したものしかつかえないのだが、そうした制約のなかでも「少しでも音のいいもの」を、黄金の耳を持ったエンジニアたちは探し当てていった。メンツをかけた高級機材ともなればハンダを特注していた。いまではそういう「こだわり」というか、製品のスペックに表れない特性、つまり社内を説得して原価計算をやり直させるような動機にならない事象は無視される。そういえば、インターネットのオークションで偶然に知り合った、某大手家電メーカーの元音響機器エンジニア『Tさん』からも似たような話を聞いたことがある。

「昔は配線材にもこだわってましたね。かけられるコストはたかが知れてるのですが、線材とハンダの相性とか、線材にどういうテンションをかけると音がよくなるとか、被覆

時計につかわれている歯車も、昔は充分に寝かせた金属をつかっていた。写真は1930年代製のオメガ。文字盤は上品な陶器だ。

をゴシゴシ磨く加減でも音を調節できるとか、エンジニアはいろいろ試したものです」

こういう話が、大方のオーディオ機器メーカーのなかで完全な過去形になってしまったのは悲しいことだ。線材にしてもハンダにしても、オーディオシステムの見えない部分で『音質』と『音色』を左右している。いや、もっと細かい部分、抵抗やコンデンサーの「腕」の部分の材質さえも影響している。プリント基板をつかわない手配線のアンプの中身を見てみれば、部品の両側に伸びている「腕」が信号回路総延長のなかで相当に大きな比率を占めるのだということは、容易に想像がつく。

「金属に対して意識を持って接していないとわからないんですよ。電気系のエンジニアだからこそ、抵抗値とかインピーダンスでは語れない金属の不思議に興味を持たなければいけない」とは『Tさん』の弁。そうです。なんでも測定器とコンピューターにおまかせでは、想像力が退化する。コンピューターにおまかせぞは、ちょっと古い道具を持ってみれば体験できるのだ。

たとえばカメラ。第二次大戦前のカメラに

つかわれているギア（歯車）は、ほとんど例外なく「滑らかな動き」をする。ライカのような高級機では、その感触はじつにうっとりするものだ。フィルムを巻き上げるときのなめらかさとか、シャッター速度を管理するガバナーの規則正しい音などは、金属が貴重だった時代、「鉄は国家なり」だった時代の証人である。一九五〇年代生まれのライカＭ３でさえ、ギア類の精度感はすばらしい。現在入手できる金属でつくった補修用の代替部品では、たとえ達人が組み上げたとしても同じ感触にはならない。金属そのものの性質が違うためだ。時計も同じ。一九三〇年代の機械式時計などは、やはりギアの素材がすばらしいから、動作はなめらかだ。現在では入手不可能な金属をつかっているから、二一世紀のパテックフィリップやバシェロンコンスタンティンでも再現不可能な「機械仕掛けの気品」を備えている。

趣味の世界だけではない。印刷用のフィルム原盤を製作するイメージセッターという機械にも、古い金属がつかわれている。プロ用スキャナーの最高峰といわれるハイデルベルグにも、古い金属がつかわれている。いずれも一九二〇年代以前の鉄らしい。ＤＴＰ（デスクトップ・パブリッシング）というフルデジタルの現代流印刷システムのなかで、印刷の色ズレを防いだり写真家のオリジナルプリントをデジタルデータ化する行程に、熟成された鉄は必要不可欠なのだ。イメージセッターのメンテナンスを専門に行なうフィンランド人技術者はこう言った。

「いまの金属では、この精度は無理なんだ。どんな添加物を入れても無理だ。気温と湿度の変化による膨張・収縮がほとんどなく、機械の可動部分の振動をうまく吸収してくれるのは、やはり古い金属だね。理想を言えば鉄の大量消費が始まる第一次大戦前の鉄だな」

畑野さんとお話をしていて、「ああ、そうだ。あの人もそう言ってたっけ……」と、いくつもの記憶がよみがえってきた。同時に、人生を費やした実験をしてみようかという気にもなった。

同じヴィンテージ線をつかったケーブルを二組用意する。一本ではジャズしか聴かない。もう一本はクラシック。音楽信号を流す時間を同じにしたら、たとえば二〇年後にはどんなケーブルになっているだろう。ケーブル様のご機嫌とりに、午に一度は「アズ・タイム・ゴーズ・バイ（時の過ぎ行くままに）」を聴かせる。二〇年のエージング……。

ふと、我に返る。そのためにはケーブルをつくらないといけない。ハンダを選んで、被覆も工夫して、オリジナルのヴィンテージ線ケーブルをつくらないと！

「よし、プラグ選びに秋葉原だ」

ＴＭＤをおいとました私は、そのまま秋葉原へ。しかし、まず最初に買ったのはコンピューター部品だった。

シングル・アゲイン

二〇代のころは「スピーカーは大口径にかぎる！」と思っていた。三八センチ径のウーファーが大好きだった。そのまま三〇代に突入。四〇を過ぎても変化なしだった。しかし、じつにお気楽というかゲンキンというか、ひさびさに引っ張り出した小口径フルレンジ一発のオーラトーン製スピーカーを鳴らしていたら「小口径のほうがイイかもしれない……」という囁きが、どこからともなく聞こえてきた。「やっぱ小さなフルレンジかな」と、一気に一八〇度方向転換したくなった。さあて、浮気相手は何にしようか……。

黄色いサキソフォンのような『やまぶき』クンを初めて見たとき、思わずニヤリとしてしまった。小さなフルレンジがふたつ横に並んだヘッド部分に、くねくねと曲がった共鳴管。愛嬌のある動物にも見えるし、得体の知れない植物にも見える。昔流行った「ゲバゲバおじさん」にも見える。自分で立つことのできない『やまぶき』クンは、金属製パイプ

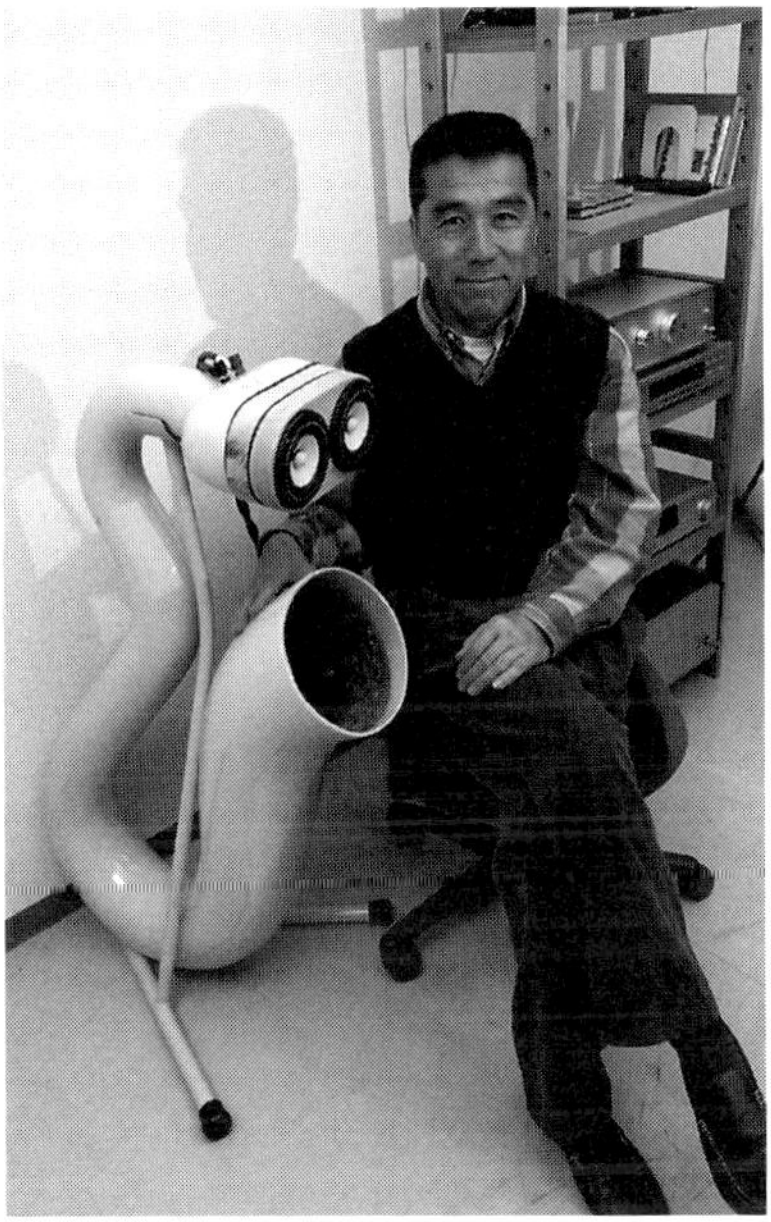

国政さんと『やまぶき』クンのツーショット。故長岡鉄男氏設計の「コブラ」に触発され、一念発起で５年を費やした力作。

を溶接したスタンドに支えられて、そこにじっとしていた。

製作者の国政さんが、マランツのＣＤプレーヤー・６７ＳＥでＣＤをかける。マニアの間でお馴染みの「金田式アンプ」からパワーをもらい、『やまぶき』クンは歌い始めた。二〇〇平米はありそうな広い事務所のなかに、心地よいボサノバが流れる。

「このスピーカーはね、あまり音量を上げないで、ふつうの人がふつうに音楽を聴くときの音量で鳴らすのが一番いいんですよ。自分のためにつくるスピーカーなので、自分が普段聴いている音量で意図した個性が出るように設計したつもりなんです」

とは言っても、けっこうな音量が出ている。一般家庭で聴く音量よりはずいぶん大きい。しかし『やまぶき』クンは、金切り声ではなく、かといって頼りなくか細かったりドスの利いたりした声でもなく、とても明瞭で、しかも明るい歌声を聴かせてくれる。

持参した愛聴盤を聴きながら、『やまぶき』クンのキャラクターを探ってみた。まず、油絵のようなこってり風味ではない。しかし、淡い水彩画でもない。細かい描写の部分には、彩色の前に線画を描いているかのような正確さがあるのだが、その線が目立たないようにていねいに彩色している感じ。色づかいそのものはけっこう大胆。淡泊ではなく、水彩画なのに濃密な部分ものぞかせる。そんなキャラクターだ。くねくねとした長い音道のおかげで、低域の量感も充分。もたつかない、やや軽めの低域が、そのルックスによく合っている。

フルレンジというスピーカーユニットは、その名のとおり「すべての再生帯域」、つまり「フルレンジ」を受け持ってくれる。市販のオーディオ趣味用スピーカーは、低音域、低い周波数帯はユニット口径の大きなウーファー、人間の声や音楽の骨格となる中間帯域はウーファーよりも小振りのミッドレンジ（スコーカーとも呼ぶ）、高音域にはさらに小さな口径のトゥイーターというように、専門の帯域を受け持つユニットを複数持たせたマルチユニット型が多いのだが、『やまぶき』クンには、ふたつのまったく同じ型のフルレンジが並べてつかわれている。左右ペアでフルレンジ四本使用。これがまず特徴だ。

マルチユニットだと、それぞれの帯域の音が異なる音源から放出されるため、二本のスピーカーの間に音楽をフォーカス（結像）させるには相応の工夫がいる。これがうまくゆかないと、ディスクに記録されている楽器やアーティストが演じた本来の「音像」とは違ったものが再生されてしまう。たとえば、音はたしかにヴァイオリンなんだけど、その「胴鳴り」とか聞き取れる弦の太さがヴィオラ並みになってしまったり、アリアを歌うソリ

小口径フルレンジユニットがならんだ『やまぶき』クンのヘッド部分。木枠が二重になっているのは、ヘッド部の内容積を変えて音をチェックした結果だ。

ストがやたらと口の大きな巨人ではないかと想像するような音になったりしてしまう。これに対し、フルレンジはすべての音域が同一音源から放出されるため、フォーカスはビシッと決まる。まるで周辺の空気にもピントが合っているんじゃないかと思うような鮮鋭な描写の写真に似ている。それがフルレンジ独特の音像キャラクターだ。

こういうフルレンジの良さを活かそうという試みは、古くからなされてきた。その代表例は、クラシック音楽ファンから絶大な支持を集めている英国はタンノイ製の大口径フルレンジユニットだろう。三八センチ（一五インチ）という大口径のユニットをつかったウェストミンスター・ロイヤルは私の憧れのスピーカーだが、ここまでユニット径が大きければ低音域は充分に稼げる。問題は高音域だ。フルレンジの場合は、高音域をうまく再生するのが難しい。「どうしても高音域の質が落ちる」と、設計者のみなさんはおっしゃる。

そこでタンノイは、ユニット中心線上に高音域専用のトゥイーターをべつに用意した複数ユニット同軸（コアキシャル）型という設計を採用した。音源をユニット中心にそろえながらも、高音域の再生を専用ユニットに託している。スピーカーユニットを駆動するマグネットとボイスコイルがふたつあるから、正確にはフルレンジではないのだが、発想そのものはフルレンジだ。ユニットサイズの大きさを利用して、さまざまな工夫を注いだ逸品である。

タンノイを思い出しながら『やまぶき』クンを観察すると、そこにつかわれているフォステクス製ＦＥ８８ＥＲ‐Ｓユニットは口径たったの八五ミリ。なんとも頼りない大きさなのだが、その性能はあなどれない。フォステクスといえば、ピュアオーディオ事業から一時撤退した三菱電機(ダイヤトーン)の後を受け、いまやＮＨＫ向けのスタジオモニター・スピーカーを設計・製造するメーカーだが、オーディオファンの間では、良質で安価なスピーカーユニットを製品化しているメーカーとしてのほうが馴染みがある。私もずいぶんとお世話になった。自作スピーカーにはフォステクスのユニットをよくつかった。

ＦＥ８８ＥＲ‐Ｓの中心部分には、ピストルの弾丸のような形状の丸いキャップが取り付けられており、この部分が高音域の再生に有効だそうだ。ユニット駆動用のマグネットとボイスコイルはひと組だが、中央部分のキャップ形状で高音域をうまく出しているのがミソ。中音域はもともとしっかり出る。人間の声の帯域は、このユニットから直接放出される音波だけで充分。そこに高域再生の工夫をドッキングさせたのがＦＥ８８ＥＲ‐Ｓである。

ただし、ユニット口径が小さいため低音域が出にくい。この弱点をリカバーするためには、スピーカーユニット以外に助けを求めるしかない。ユニット後方に放射される音のエネルギーをうまく利用できる筐体、つまりスピーカー・エンクロージャーの設計を工夫することだ。

『やまぶき』クンは、バックロードホーンという方式である。くねくねと曲がった音道が、低音域のエネルギーを大きくする仕組みだ。ユニット後方（バック）に長い音道（ロード）を持ったホーン（ホルン）という名のとおり、角笛のように音のエネルギーを拡大し、小口径フルレンジの弱点を補う。一般的なスピーカーは、立方体形状の箱の容積で低音をかせぐが、バックロードホーンは音道の長さで低音域をふくらます。ただし、低音がリスナーとは反対の後方に出るとうまく聞き取れないので、ぐるりと音道を曲げてスピーカーユニットと同じ向きに音を出す。昔から自作マニアがフルレンジ活用法として親しんできた方法である。もちろん、オーディオメーカー製品のなかにもバックロードホーン式スピーカーはある。ホーンの長さや形状によって出てくる音が変わるため、その設計がウデの見せどころだ。

『やまぶき』クンの作者は、「厚木の師匠」国政さんである。競技用自動車の世界では知る人ぞ知る「オリジナルボックス」の代表。私にとっては運転の師匠（自動車の素性を見抜くための評価運転です）なのだが、まったく奇遇なことにオーディオ好きでいらっしゃった。自動車のサスペンション部品を中心に自社開発製品を製造しているため、スピーカー製造に必要な機械や工具類はそろっている。この『やまぶき』は、構想から製作まで五年をかけた力作である。

ちなみに、某オーディオ月刊誌をお読みになった方は、すでに『やまぶき』をご存知だろう。自作スピーカー・コンテストで準グランプリを受賞している。

「まだチューニングの余地があります。中音域のあたりで、響いてほしくないところが響いているのかなァ……と思われるフシがあるんです。音道の中に入れる吸音材を工夫したり、もう少し音を煮詰めないとね。でも、自宅のリビングルームにセットして、ふだん自分が聴いている音量で聴くぶんには、充分な仕上がりのレベルです。オーディオ装置と対峙しながら耳だけに神経を集中して音楽を聴くのではなく、何かほかのことをしながら、でも部屋のなかには心地よい音楽が流れていてほしい。そういう聴き方ですからね、ボクは」

いやいや、『やまぶき』クンが奏でる音はなかなかのものですよ。音の「立ち上がり」がいい。ピアノの音はちゃんとピアノだし、クラリネットの音はクラリネットになっている。小さなスピーカーユニットによる「音離れ」の良さはユニットの素性だが、ストレスなく「ぽんッ」と音が出てくる様は筐体設計の妙だ。どこを切っても円形断面であることが効いているのだろうか。ふつうに合板をつかったのでは、こういう形状は不可能だ。大きな無垢木材から削り出すことも不可能。FRP（ファイバー・レインフォースド・プラスティック＝繊維強化樹脂）成型ならではのホーン形状であり筐体である。目的から素材を選んだあたりは、さすがに競技車両の名チューナーだ。

開口部をネイビーブルーのネットでお化粧したホーンから出てくる低音は、ズンズンと響くのではなく「スポッ」と出て来る。反応が速い。しかし、音の「立ち下がり」はいくぶん緩やかだ。やや余韻も残る。オーディオマニアが「ホーン臭い」と嫌がる音が出ている。じっさい、聴くソースと音量によっては、私自身も「?」と気になった。でも、音の立ち上がりがいいから、音色全体に与える影響は少ないと見た。一般家庭で常識的に出す音量なら、ほとんど気にならない。国政さんの設計意図もそこにある。

いや、何よりもこのカタチと色がイイ。リビングルームに置きたくなる。そう、ありきたりのオーディオ製品は邪魔者あつかいされるのですよ。

結婚して新居を構えた三〇歳の当時、愛用していたスタックス製の身長二メートル近いコンデンサースピーカーをリビングルームに持ち込んだ私に、妻はこう言った。「なんなの、この邪魔な衝立は!」と。低音域を補うためにつかっていた重量四八キロのヤマハ製サブウーファー・YST－SW1000は「邪魔だからゼッタイに撤去して」と却下。なんとか妥協してもらい、長年つかっていたヤマハNS－1000Mを鎮座させることができたが、「こんな黒い箱なんてダサい！」と言われた。タンノイ・アーデンも嫌われた。現在は、テレビをはさんだ左右数十センチだけがスピーカー設置の許可を得ている場所のため、スリムな防磁型のパイオニア『S－1000ツイン』で落ち着いている。

妻が「これなら、まあいいわ」と認めたのは、オレンジ色っぽい木製削り出しホーンがきれいなジンガリのスピーカーだけだった。余計な装置はすべて撤去し、ジンガリの横にボウ・テクノロジーズのアンプ・ZZ－OneとCDプレーヤー・ZZ－Eightを置けば……。

一般的には、人は音楽と同居するのであって、装置と同居したいわけではない。機材そのものに魅力を感じ、思い入れを持つのはマニアだけだ。いつも音楽で部屋を満たしている国政さんの選択が、この『やまぶき』クンだというのは納得。持参のCDをつぎつぎとかけ、どんなジャンルだろうが自分流に鳴らしてしまう『やまぶき』クンのあっけらかんとした性格に引き込まれてゆく自分に気付いたのは、二〇分ほど経ってからだった。

そう、この『やまぶき』クンは、最初の一発でリスナーを納得させるようなタイプではない。じわりじわりと攻めてくる。部屋のなかに、ちょうど『やまぶき』クンのユニットの高さで平面に放射される音のエネルギーが、気が付くと部屋じゅうに満たされている。

柔らかいベビーオイルで肌をマッサージされている。そんな感じなのだ。いちばん気に入ったのは、椅子に腰掛け『やまぶき』クンを傍に寄せて聴くニアフィールド・リスニングのスタイル。音量を絞っても、音楽の骨格をしっかりと奏でてくれる。刺激的な音はいっさい出さない。ピアノ曲を聴いていると、胎児になった気分だ。包まれる感触がなんとも言えない。

「これ、ペアで四〇万円なら欲しいなァ……」とつぶやいた私に、国政師匠はこうおっしゃった。

「型はあるから量産は簡単ですよ。FRPの内側に吸音材を接着する成型もできるから、音と細部のデザインを詰めて製品にしようかな」

ならば、カラーリングはオーダー自由にしましょうね。自分が乗っている愛車と同じ色とか、フェラーリの赤もいいじゃないですか。あ、塗料にたっぷり鉛が入っている深味のあるフェラーリの赤を、有機溶剤をつかわない水性のエコ塗料で再現できるのかなぁ……。スタンドとスピーカー本体の色を変えるのもおもしろいですね。

などと想像をふくらませながら『やまぶき』クンとの初対面を楽しんだ私は、帰路の車中でもうひとつの小口径フルレンジ一発スピーカーのことを考えていた。タイムドメインという小さなメーカーの製品だ。私が尊敬申し上げるオーディオ評論家・江川三郎先生が絶賛されていたので、以前から気になってはいたのだが、聴く機会がなかった。ところが、拙著を読んだタイムドメインの方が、試聴室に招いてくださった。

歩道に雪が残る東京を、南青山にあるタイムドメインの試聴室に向かった。閑静な住宅地のなかにあった。私を招待してくださった神西さんが、エンジニアの諌早さんとともに出迎えてくれた。扉を開けてまず感じた第一印象は、およそオーディオ機器メーカーの試聴室とはちがう雰囲気だということだ。板張りの床に白い壁紙。白いソファ。低いガラスのテーブル。ここまではふつうなのだが、必ず壁面の一角を占領しているオーディオラックやら巨大なアンプやらがない！

「ウチの製品はこれです」

諌早さんの傍らに、長さ一メートルほどの円筒が二本、直立している。まるで煙突のような物体。床にはポータブルＣＤプレーヤーと、プラスチック筐体のアナログレコードプレーヤー。それと、ハンバーガーぐらいの大きさの丸い物体。

「あァ、これが専用アンプなんです。これでスピーカーを鳴らします」

多少の予備知識はあったが、じっさいに現物を見たときは驚いた。とにかく機材は小さく、アンプはハンバーガーだし、失礼だが、見てくれはチープ。世のオーディオマニアならゼッタイに却下する販価一万円そこそこのアナログレコードプレーヤーと、Ｊポップとかヒップホップしか聴かないような若者たちが持ち歩いていたポータブルＣＤプレーヤー。それがメイン機材だ、いや、試聴室に置かれている唯一の機材なのだ。

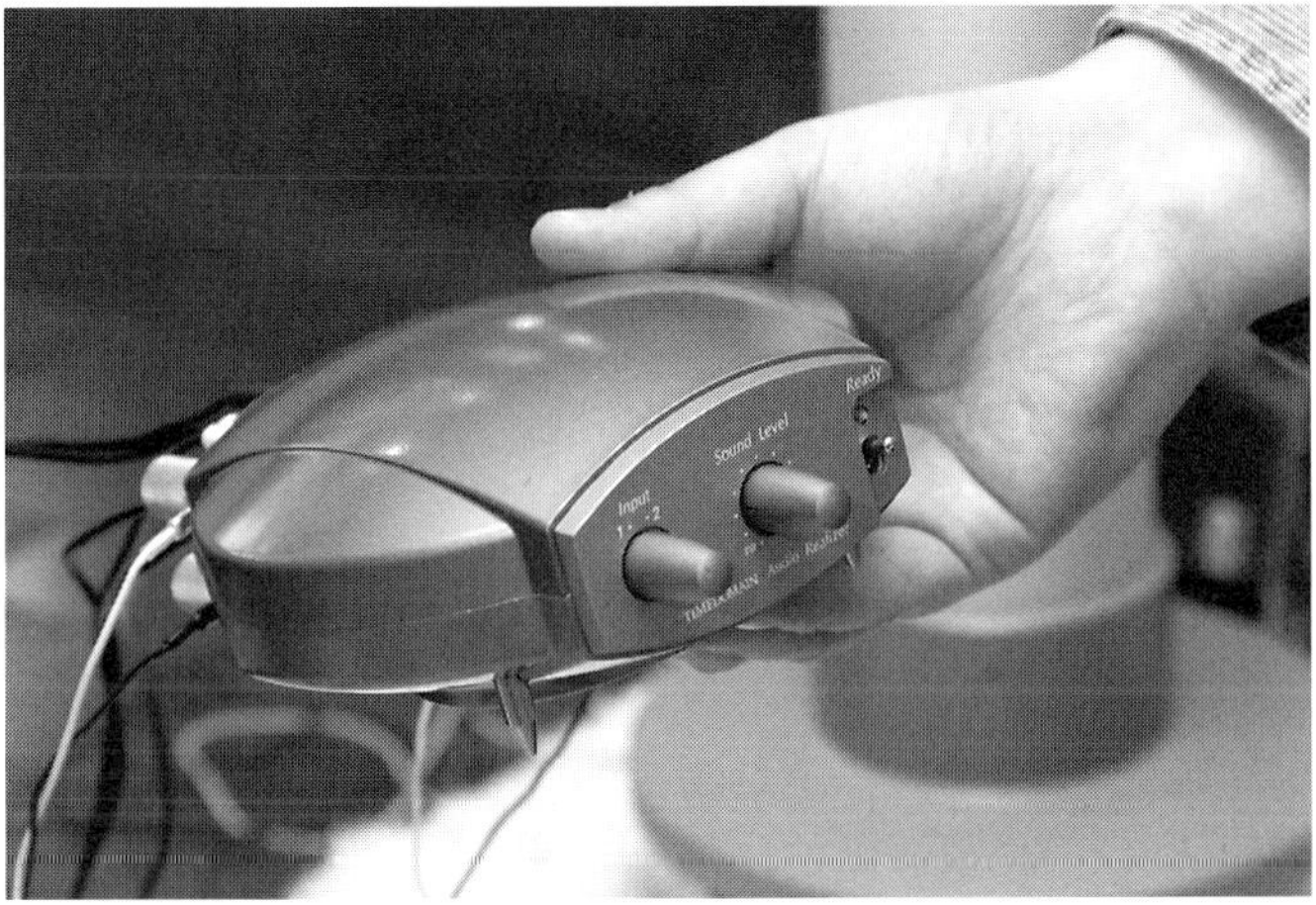

これが『ヨシイ9』の専用アンプ。筐体とツマミ類の形状および材質は、振動モード解析の結論。それにしても、ハンバーガーを思わせるカタチだ。

「そうなんですよ、男性のオーディオマニアの方は、たいがい否定されるでしょうね、こんな機材は……」

と言いながら、諌早さんは小さなCDプレーヤーにディスクをセットし、プレイボタンを押す。つぎの瞬間、私は本当にブッ飛んでしまった。ブッ飛んだ数十秒後には笑いたくなった。しばらく言葉が出なかった。

「………」

なんて言ったらいいのだろう。解説文が出てこない。困ったもんだ。聴いたことのない音には間違いない。うん、そうだ。約一二〇センチの間隔で置かれた二本の素っ気無い筒状のオブジェから音が四方八方に飛び散る。刺さるような音でもないし、分析してくださいという音でもない。まるで全身にミストシャワーを浴びているかのような爽快感。乾いた皮膚を、細かい水の粒子が癒してくれるような、音楽から精気を直接受け取るような、そんな感覚なのだ。

ちょっと冷静さを取り戻した私は、そのスピーカー

『Ｙｏｓｈｉｉ（ヨシイ）９』をしげしげと見る。いわゆるバックロードホーンの「音道」に当たる部分が円柱状筐体のすべてであり、床からわずかに筐体が浮き、床と筐体は三本の円すい形の足で点接触している。筒はたぶんアルミ製。表面はアルマイト塗装だな。軽く叩いてみるが「鳴き」は出ない。カサカサという表面を撫でる指の音だけが聞こえる。そして、筒の上面に、小さなフルレンジユニットが上を向いて取り付けられている。直径五〇ミリくらいかな。それだけだ。そして、アンプとスピーカーをつないでいる信号ケーブルは、カード型ＡＭラジオに付属しているイヤホンのコードのように細い。

「スピーカーは五五ミリ径です。ビスで固定せずに、ユニットの底の部分から金属棒を垂らし、そこに重りを付けて引っ張ってます。あ、そのコードですか？　それが専用ケーブルです（笑）。それで充分なんですよ」

諫早さんが語る『ヨシイ９』と専用アンプの話は、いままで「オーディオの常識」だと言われてきたものを、ことごとく否定するものだった。しかし、その独特の「タイムドメイン理論」が机上の空論ではなく、現実の「音」として自分の目の前で奏でられているのだから、納得するしかない。

「アナログレコードをかけてみますね」

これが再び驚き。安っぽいプラスチック機材は私も大好きなのだが、こうも堂々と「これでいいんです！」と言われると困ってしまう。オーディオマニアが鼻で笑うような安物レコードプレーヤーから出てきた音は、これまた、なんとも言えないイイ雰囲気だった。エラ・フィッツジェラルドの歌声が心地よい。

「モノラル録音を聴いてみたいな……」

こうつぶやいた私に、すかさず諫早さんの突っ込み。

「これ、モノラル盤ですよ」

やられた！　そうだよ……このエラはたしかにモノラル録音だ。でも、ステレオ録音みたいに聞こえたぞ。ワンポイント・マイクで録ったステレオ録音みたいに、ほわーッと音が広がった。

「じゃあ、つぎはＣＤで……」

さらに諫早さんは攻撃してくる。名手ソニー・ロリンズが一九五六年に録音したアルバム、『サキソフォン・コロッサス』。通称サキコロ。これも同じ。「サキコロって、ステレオ録音だったの？」と尋ねたくなる音。これがタイムドメイン＝時間領域を軸に再生を考えた結果なのだろうと納得するしかない。設計者は由井啓之氏。かつて、オーディオの老舗・オンキヨーで、世のマニアたちをうならせた『グラン・セプターＧＲ１』など数々の名機を設計したスピーカー・エンジニアである。その由井さんが独立してタイムドメインを主宰している。

生みの親から名前をもらった『ヨシイ９』の音は、偶然でも迷信でもなく、由井氏の理論に裏付けされた「たしかな音」だ。諫早さんにいろいろと質問をぶつけ、ひとつひとつに「ああ、なるほど」と納得。しかし、音を聴いているうちに「理論はどうでもいいや」になる。ふんわりと部屋に漂う音は、スピーカーユニットと面と向かって身じろぎもせずに聴き入る音とはまったく違うもので、これもまたオーディオの魅力だ。

あらためて小さなアンプを手に取り、いじりまわす。ＡＣアダプターから電源をもらうから、トランスは内蔵していない。見た目より筐体は重いが、腰痛を起こしそうな重さのアンプと日々格闘している私にとってはハンバーガー程度にしか思えない。だいたい、こんなふうにモノラル盤を鳴らされると、機材の体積だとか重さだとか、回路設計やらインピーダンス、音の指向性、周波数特性だとかいった、もろもろの「お約束事」がどうでもよくなる。拙宅では、狭い部屋にわざわざモノラル再生専用のヴィンテージ機材群を置いており、フォノカートリッジからアンプ、スピーカーまでのモノラル対策（費）はバカにならない。もちろん、それはそれで充分に納得している出費なのだが、『ヨシイ９』のモノラル再生は別世界だ。アンプとスピーカー二本のセットで税込み三一万五〇〇〇円。

「自分のシステムと並列で持っていたい」と考え始めてしまった私は、一刻も早くここを退散しようと決め、荷物をまとめてコートを着た。しかし、なかなか帰れない。足が止まってしまう。だが、逃げなければ……これ以上ここにいるのは、どう考えてもヤバい。後先考えずに注文してしまう。

諫早さんと『ヨシイ9』を南青山の同社試聴室で。http://www.timedomain.co.jp/ で詳細を見てください。音を聴けば驚きます。

ひさびさに「後ろ髪を引かれる思い」をひしひしと感じながら、タイムドメインの試聴室を後にした。雪が残った歩道を歩きながら考えた。

「アレをリビングルームに置くとしたら、犬たちに倒されないような構造にしてもらわないとな。大理石かなにかでベースをつくって、三点接地の部分でベースと共締めにすればいいかな。しかし待てよ、壁に近づけるよりも部屋の中心に置きたい……となると、床に電源コンセントを新設しないといけないなァ。じゃあ『やまぶき』クンはどこへ置けばいいんだ？　自分の仕事部屋には、もう床がないし……」

自宅に戻り、タイムドメインの試聴室で聴いた「サキコロ」をかける。アナログ盤を古いガラードのターンテーブルに載せ、針を下ろした。正確なリズム隊をバックに、ソニー・ロリンズのサックスが歌う。エレクトロボイスのスピーカーから放出されるブ厚い音が鼓膜を突き抜ける。

「たっはーッ、やっぱ大口径はいいや！」

あれ？　さっきまでミストシャワーに酔っていたオレはどこへ行った？　そうなので

す。人間はつねに、新しい刺激に対して敏感なのです。聴いたことのなかった音をたっぷり楽しんできたおかげで、自分の装置の聞き慣れた音が新鮮な刺激に変わった！

「うん、オレはこれでいいや」

シガーに火を着け、「サキコロ」盤を裏返し、至極ご機嫌な自分。四曲目のモリタートが終わったところで盤を交換し、一九三〇年代録音のエラ・フィッツジェラルドをかける。ところが「アーリー・エラ」の二曲目、「オルガン弾きのスイング」で、再び私の思考が切り替わった。

「あッ、ヤバ……思い出しちゃった。人間の声は、もしかしたら『ヨシイ9』のほうがいいかも……」

温故再聴って、このことか？　古い三〇年代の録音を聴いて、タイムドメインを思い出した。ヘンデルのトリオソナタをかけると、こんどは『やまぶき』クンを思い出す。なんとかして新しい刺激を耳に入れないと……。

「とりあえず、サントリーホールへ行こう」

明くる日､私は新鮮な生音を仕入れにジャズ拝聴。その数日後にサントリーホール。迷ったらナマ演奏。リハビリには「ナマ」が必要だ。しかし困ったことに、気分ノリノリで聴くライヴの音は『やまぶき』クンと『ヨシイ9』なんですよ。ああ、またシングルコーンで出直しか……まるで竹内まりあさんの、あの曲ですな。

SHADOW CITY

小口径フルレンジスピーカーの音にすっかりまいってしまった。前章を執筆してからの二週間ほどは、物欲との格闘だった。オーディオ店をのぞいては「なるべく小さな箱」を探し、夜な夜なインターネットのオークションを物色する始末。奇跡的にムダ遣いをしないで済んだのは、私を待っている原稿と海外出張だった。指定席を取っておいた成田エクスプレスに乗り遅れ、ギリギリでの空港到着はいつものこと。徹夜で、しかし原稿終わらず、機内に仕事を持ち込むのも毎度のこと。それでも、スーツケースには持ち歩きオーディオセットを放り込むことは忘れなかった。

ひさびさのアメリカだった。以前、ニューヨークはJFK空港での入国時にきわめて不愉快な思いをした私は、お間抜け男ジョージ・W・ブッシュが大統領の座を退くまではアメリカの仕事をすべて断ろうと考えていた。今回、その意志が揺らいだのは、仕事がワシントンDCだったからにほかならない。聖地スミソニアンがある街だ。飛行機、エンジン、アメリカとは思えない低層建築の街並み……それと、ジョージタウン地区はかつて煙草交易で栄えた街。アメリカの大都市にあって、ワシントンDCは喫煙の規制も緩い。結局、仕事の内容も興味深かったので取材依頼を引き受けた。

ホテルに着いて荷ほどき。まっ先にやることはオーディオのセッティングだ。音楽をかけ、煙草葉の煙を吸い込まないと、何もする気になれない。持参したのは、SONY製のSRS‐Z1。丈夫なアルミ&樹脂筐体のスピーカーとアンプがセットになったものだ。それと二台のiPod。クラシックからジャズ、懐かしの歌謡曲や七〇年代ロックまでひっくるめて二〇〇〇曲あれば、一週間の滞在も退屈しない。現地でCDを調達したときのために、CDプレーヤーは必ず持参。それと、豊富なFM局数を誇る第二次大戦の戦勝国アメリカだから、ステレオ出力付きのラジオも持参した。

口径三六ミリ、八オームで耐入力三ワットのフルレンジだけで日々を過ごす。自室にいるからいろいろと機材浮気をするわけであって、これしかないとなれば、これで楽しむほかに手はない……いや、レンタカーで二週間のヨーロッパ取材をしたときは、勢い余ってBOSEのコンパクトオーディオを買っちゃったっけ。

春と呼ぶにはまだ寒い三月の中旬。古いヒルトンホテルの一室が私のオフィスになった。こういうホテルでも、最近は無線LANが完備されていてインターネットへの高速アクセスが可能だ。インターネットラジオにつないでみたり、音楽配信サイトから楽曲をダウン

ホテルの部屋にセットしたSONYのSRS-Z1とiPod。なかなか粋な箱庭オーディオだ。これが筆者の「旅行標準装備」である。

ロードしたり、膨大な音楽ライブラリーを一時所有できる。持参したｉＰｏｄに新たな楽曲を追加することができる。いやはや、デジタル音楽の環境は一気に便利になった。私はマッキントッシュのユーザーなので、楽曲をダウンロードするのは「ｉＴｕｎｅｓミュージックストア（＝以下ｉＴＭＳ）」だけだが、ここはクラシック楽曲をダウンロードできる唯一といっていいサイトである。ジャズ系も豊富。ＳＯＮＹが不参加のため、Ｊポップ好きの若者には向かないだろうが、ジャズ、ロック、Ｒ＆Ｂ、クラシックがメインの私には何の不自由もない。しかも、このサイトはダウンロードした楽曲についてのコピー制限がほかのサイトより緩い。複数のＰＣとｉＰｏｄをつかう私には、これも有り難い。

もちろん、私もウィンドウズ・マシンは持っている。仕事の資料ファイルはウィンドウズ系ソフトで処理しなければならないものが圧倒的に多いためだ。ついでにウィンドウズ・マシン用のＭＰ３プレーヤーも買ってしまったが、あまりつかわない。ウィンドウズＸＰプロフェッショナルをインストールしてある私のＩＢＭ（いまはレノボ）シンクパッドＸ

30は、たまに勝手に通信を行なっている。マイクロソフトと連絡をとっているのだろうが、わが家のLANにつなぎっぱなしのPC四台のうち、このIBMマシンだけが勝手に通信している。たまに、LANケーブルを差し込んだポートのインジケーターがそこだけ点滅するのだ。現在では、このマシンではインターネットにアクセスしないようにしている。勝手なことはさせない。

ウィンドウズ・ユーザーなら、豊富な音楽配信サイトにアクセスできるが、マック・ユーザーは選択肢が限られている。今後どのようになるかはわからないが、IBMがアップル向けプロセッサーから手を引き、ついにマックもペンティアム・プロセッサー搭載になってしまったことが幸いするだろうか。これからデジタル音楽プレーヤーを購入しようという人は、そのあたりにご注意を。ちなみに、iPodにはマック用とウィンドウズ用があるが、相互乗り入れは出来ない。

こちらでの仕事が山を越えた週末。天気が良かったので窓を開け、部屋に風を入れながら音楽を聞いた。ワシントンDCは、ニューヨークやLAのような、けたたましい街ではない。街のノイズもあまり気にならない。ジョージタウン・タバコという店で買ったシガーに火を着け、風にゆっくりとなびくカーテンを背に音楽を聴く。丈夫で重たい革張り椅子(じつに立派なベルジェールです)のアームレストに、接着面がベタつかない写真機材用の紙テープでスピーカーをやや上向きに固定し、ニアフィールドで聴く。椅子の後ろは大きく開け放った窓。私の方向に放射された音が窓の外へと消えてゆく位置、背後で音が何かにぶつかって時間差で戻って来ない位置で聞くと気持ちがいい。これ、ぜひ実験してみてください。パソコン用のような小さなスピーカーをヘッドフォン的につかうと、意外に楽しめるんです。

シガーの煙をゆっくりと吐き出しながら天井を見る。天井が高い建物はいいなぁ、と感じる。日本の標準的な家屋は天井が低い。しかし、住宅を建てるとき、「もっと高い天井がいいのですが」と注文すると、建築費はべらぼうに高くなる。SRS‐Z1の、口径三六ミリという小さなフルレンジだと、点音源から放射された音が、天井にぶつかって返ってくるよりも、次のフレーズのほうが先に耳に届くような印象だ。部屋の響きは「ある」のだが、高さ方向に余裕があると、せせこましい感じがしない。

でも、小さいモノをつくらせたら、やはり日本人がいちばん巧いな。SONYのSRS‐Z1も見どころ充分であり、ちょっと前までSONYにはいい製品がたくさんあったっけ、と、しみじみ思う。SRS‐Z1の中身をのぞいてみると、小口径スピーカーユニットをうまく鳴らすための工夫がたくさん詰まっているのがわかる。小さな機材は、その構造自体が楽しい。

いま、私に向かってチェロの音を出している直径三六ミリのユニットは、スピーカーのフレームからマグネット後端までが約三五ミリある。ほぼスクウェアな形状だ。センターキャップはエッジ面より前に出ている。鳴らしてみればわかるが、ストロークはかなりある。そのユニットが、アルミダイキャスト製バッフルに取り付けられている。バッフル裏側は効果的な補強成型が施してある。スピーカーの「箱」部分は樹脂成型だが、スピーカー背後に位置する面と底面の二面にテーパーがかけられており、内部には補強のためのリブが成型してある。小さくても丈夫だ。

そして、低音を放射するダクト。バッフル面から後方につき出したアルミ成型の円筒型ダクトは、樹脂製の箱側に成型されたひとまわり大きい円筒状の空間に余裕をもって突き刺さるようになっている。ポートを折り返すことで長さを稼ぐ処理であり、スピーカーユニット後方に出た音は、折り返しがついた長いダクトを通ってふたたび前へ出る。箱はできるだけ響かせない。ユニットの音だけを聞かせる。そういう設計である。イギリスのB&Oも、アメリカのティールやアヴァロンも、あるいはスイスのゴールドムンドも、箱を丈夫につくる工夫が音に表れているが、この小さなSONYも同じである。

アンプ内部も整然としている。てっきりアルミ製かと思った天板は、じつは樹脂成型だったが、裏面に鉄板が二枚重ねでネジ止めされていた。これがアースを兼ねている。ずしりと重たいのはこのせいだ。しかも、天板と筐体を合体させるためにネジを七本もつかっている。剛性の高さはかなりのものだ。部品点数とその配置に対し、筐体はジャストフィットの容積であり、鉄板は筐体の鳴き止め。しかも前後左右四面は平行面をつくらないよう

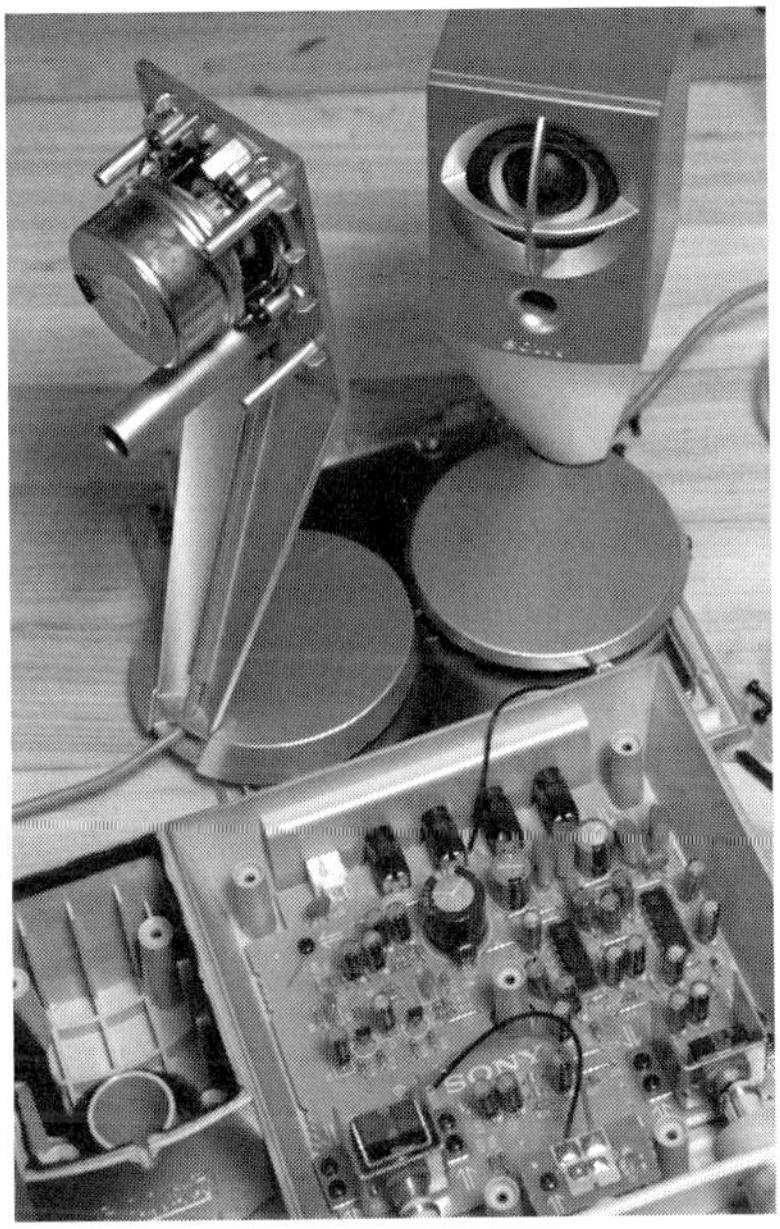

SONY製SRS-Z1の中身はこうなっている。小型軽量だけでなく、趣味性あふれた設計手法に思わず納得。ぜひ、後継機を見たいものだ。

傾斜している。ステルス艦のようだ。アンプはＩＣによるオペアンプだが、しっかりした電源部を持つ。前号で紹介したタイムドメインのハンバーガー型アンプとコンセプトは同じである。小さくて部屋の音響の影響を受けない設計。回路と部品は最小限。電源はＡＣアダプターからもらう。アナログ技術万歳だ。

手を抜かない設計であり、おそらく販価を下げるための努力は相当なものだったに違いない。内部をつぶさに観察すれば、ＳＲＳ－Ｚ１の定価一万八〇〇〇円は安いと感じる。もっとも、それ以上の値段では社内の企画会議は通らなかっただろう。そして、現在のような市場環境では後継機を望むのも無理そうだし……。

シガーを一本灰にして、チェロの音色を楽しみながら、ＳＲＳ－Ｚ１の中身を思い出すうちに、ニッポンのオーディオ業界へと思いを馳せていた。スピーカーの老舗ダイヤトーンの復活はたしかに嬉しい。しかし、ダイヤトーンという由緒あるブランドを一度消滅させてしまったのは三菱電機自身の無策にほかならない。多少景気が回復したし、団塊の世代が定年退職することだし、やっぱり復活させましょうか……というレベルだとしたら、二度目のブランド閉鎖もあり得るだろう。「オーディオ機器が売れない」のは「欲しい」と思ってもらえる商品を提案できない側の責任であり、ついでに言えば『音楽なんてどんな装置で聞いても同じだ』と若者に勘違いさせてしまったハードウェア業界の責任だ。

商品をつくる以上に「知らしめること」は難しい。オーディオ雑誌に広告を掲載し、オーディオ評論家に詳細な試聴レポートを書いてもらっても、それはオーディオ村の中での出来事であり、世間一般にはまったく関係のないことだ。野暮ったいデザインなのに値段だけ高くて、ひとりで持ち上げられないくらい重たいオーディオ機材。誰がそんなものに目を向けますか？

翌日、私はスミソニアンミュージアムを訪ねた。国立航空宇宙博物館の一階中央ホールでは、屋内であげられる凧をつくる子供向けの教室が開かれていた。

「ああ、こういうふうにして科学を学べば、理科が嫌いな子供にはならないだろうな」と思える内容に感心。いやいや、こんなところで見とれている場合ではない。私のお目当ては凧でも展示物でもなく、バスのチケットなのだ。まだ行ったことのない、航空宇宙博物館の別館とも言えるスティーブン・F・ウドバーハジー・センターへの往復シャトルバス。今回はレンタカーも自動車メーカーのデモカーも借りていないので、バスに乗るしかない。

何が見たいかといえば、航空宇宙博物館には展示不可能な大物航空機が、第二次大戦のレシプロ機の数々とともに展示されている風景だ。飛行機好きにとって、そこはパラダイス！

バスに揺られて四〇分。iPodに詰め込んだモーツァルトの交響曲二五番を聴きながら気分を盛り上げ、巨大なハンガー（格納庫）の前に立った。荷物チェックを受けて中にはいると、期待どおりの展示物。子供からマニアックなオトナまで楽しめる内容は、さすがスミソニアン。第二次大戦の戦勝国であり、いま現在も（つねに？）交戦国であるアメリカの機体に混じって、ニッポンとドイツのレシプロ機が並んでいる。かつて日本には軍用機メーカーが数社あり、それぞれが自社開発していたことを物語る機体だ。そして、ここに並べられている航空機の大半が「殺戮道具」なのに、そのマシンとしての美しさには息を呑む。

iPodで静かなジャズのピアノトリオものを聴きながら、三時間ほどかけて巨大な展示館をまわった。とくに印象に残ったのは、ガラスケース内に並べられていた昔の航空機のエンジン部品。もちろんレシプロ時代のものだ。薄板を鋳込んで放熱効果を高めた空冷エンジンのシリンダーブロックやら、燃料供給ポンプやら、武骨さと繊細さを併せ持った部品に見入る。ふと、ガラードやEMTのレコードプレーヤーを思い出す。機械仕掛けの美しさは、音楽を聴くための道具も殺戮道具も似ている。

ライト・サイクロン空冷星形18気筒エンジン。1940年代の傑作エンジンは、いま見ても美しい。緻密かつ精巧な立体パズルだ。

レシプロエンジン単体の数々も、足を止めて見入ってしまう魅力にあふれている。イギリスとドイツのエンジンもいいが、空冷星形はアメリカのエンジンが好きだ。大量生産されたライト・サイクロンなどは、大した性能ではないのだが、タフで整備しやすかったという。信頼性が高く、このエンジンを積んだ航空機は稼働率も良かったそうだ。こういうメカを、品質をそろえて大量生産し、補修部品および整備士、それとコカコーラやコーンビーフの缶詰めとともに最前線に送り出すことが出来たアメリカは、六〇年前も超大国だったと実感する。そんな国と日本は闘った。無謀としか思えない。

機体設計術では、ときに驚くべき創造性を見せた当時の日本も、エンジンや無線機となると、どうにも頼りなかった。ダイムラーベンツのDB601系エンジンをそっくりコピーした水冷エンジン「熱田」が展示してあったが、内に秘めた性能がカタチに表れているとは言い難い。ただお手本を真似ただけで、部分部分に潔さが感じられない。自信のない答案用紙みたいだ。その日本が、いまではアメリカ国内の自動車販売で三〇％のシェアを握っているのだから、やはりエンジンだとかオーディオ機器のようなクローズドアーキテクチャーをやらせると日本人は巧い。なのに、現在では、アメリカの中小規模オーディオメーカーのほうが元気がいいのはなぜだろうか……。

いや、ＢＯＳＥは大規模メーカーだぞ。あそこは最近、自動車のサスペンションに新理論を持ち込む研究をやってる。究極のワンボディー箱庭オーディオは、ウエーブレイディオが横綱だよな。ヘッドフォンは、いつも飛行機の中でお世話になっているクワイエットコンフォートがあるじゃないか……日本だと、あれ、ＳＯＮＹって最近はおもしろい製品がないぞ。アメリカにはマークレビンソンのマドリガル社とか、ワディアとか、唯一無二の製品を持つメーカーがあるんだよね。

かつては日本製品が圧倒していたワシントンＤＣ市内のオーディオショップ。いま、そのショーケースには韓国のサムスンやＬＧのホームオーディオ製品や、中国製の真空管アンプが並んでいる、小さくても存在感のあったＳＯＮＹカセットウォークマンＤ６とか、パイオニアの九六キロヘルツ・サンプリングが可能なポータブルＤＡＴは、もう並んでいない。複雑な思いを胸に、私は地下鉄で夜の街をホテルへと戻った。

帰路の機内、コンピューターがフリーズしたまま動かなくなった。滅多に見ない機内映画を見ることになったのだが、たまたま見た『博士の愛した数式』は、ひさびさに賞賛に値する出来だった。うん、日本映画って、こうあるべきだよね。ハリウッドの真似をしても所詮は規模が違うんだ。何より「ああ、こういうふうに数学を教えてくれる先生がいたら、日本はエンジニア大国になれるだろうな」と思い、うれしくなった。実際には中途半端な詰め込み教育であり、数学への興味は「指導要項」というマニュアルが打ち砕いてしまうのだが、こういう先生を描写できる監督が日本人であるというところがうれしかった。主演の寺尾聰は、ますます父上である宇野重吉さんに似てきたな……。

あ、そうだ。たしかｉＰｏｄに入ってたっけ……と、寺尾さんのアルバム『リフレクションズ』をサーチ。あったぞ！　一曲目「ハバナ・エクスプレス」、お気に入り「ＳＨＡＤＯＷ　ＣＩＴＹ」、大ヒット曲「ルビーの指輪」、ラストの「出航《さすらい》」まで十曲。このアルバムが発売されたのは一九八一年。大学生の私は銀座のヤマハでレコード売り場のアルバイトをしていた。この、オッサンのハナ歌のようなアルバムを本当にイイと思ったのは四〇歳を過ぎてからだ。まったく同様に、八一年発売「ア・ロングバケーション」が大瀧詠一の会心作だと感じたのも最近のことだ。あの時代はオーディオ製品も良かった。ソフトにもハードにも夢があった。

寺尾聰が歌う「ＳＨＡＤＯＷ　ＣＩＴＹ」のハナ声スキャットは、ヤマハ銀座店の試聴室に並んだ機材を思い出させてくれた。

シルバーというよりホワイトに輝くアルミと、ブラウンではなくホワイトに近いウッドケース。ヤマハのアンプとチューナーは、そのスタイリングの華やかさもさることながら、出てくる音にも独特の美しさがあった。写実的なトリオ（現ケンウッド）、元気のいいパイオニア、粘り気のサンスイ、そしてヤマハ・ビューティ。オーディオメーカーにもそれぞれの個性があり、しっかりとファンに支持されていた。

ソフトウェアとハードウェアの両面で、新しい試みがつぎつぎと花開き、日本の音楽業界とオーディオ機器業界が、ともに潤った時代である。それを思うと、いまの日本はまるでシャドウ・シティ、日の当たらない街だ。規格化されたような楽曲をマーケティング至上主義で無難に売り抜く術は見事だが、はたして若者たちは本物の欲望に駆られているだろうか。私のようなオッサンの欲望は、そのほとんどが過去に向けられている。

壁に突き当たった日本。政治も経済も、音楽もオーディオも……。

ゲットバック

強引な「電気用品安全法」の施行、いわゆるPSE問題は、言い出しっぺの経済産業省が自ら「うやむや」にしてしまった。ここまでの反発が起こるとは思ってもみなかったのだろう。一時は中古オーディオ製品の流通がストップすると言われたが、世の中はほとんど変わっていない。相当数の中古オーディオ販売店が「製造業者」としての届け出を行い、独自に製品を検査してPSEマークのシールを貼り付けるようになったことが、変化といえば変化だ。国民の財産権侵害はほぼまぬがれた……なんていう話も、いまは昔のことか……。

日本が高度経済成長期を迎えたころ、外貨を稼いでくれる貴重な輸出商品はカメラやラジオだった。小さな筐体に細かな部品をたくさん組み込んだ製品だった。手先が器用で勤勉実直。制限された大きさとコストのなかに、アッと驚く工夫を詰め込む創造力。しかも、欧米から見れば驚くほど安い賃金で長時間働く。我われの先輩がたは偉大だった。八〇年

「PSE うやむや記念」で集めた非PSE マーク製品。10 年以上前のオーディオ製品でも店にとっては商品であり、持ち主にとっては財産である。

代に自動車輸出で世界を席捲する「クローズドアーキテクチャー大国」の片りんは、すでに昭和三〇年代後半に存在した。そして、自動車の輸出拡大よりもひと足早く、ラジオより大きくて重たいオーディオ機器が国際競争力を遺憾なく発揮していた。

一九七〇年代半ばのプリメインアンプ。当時新品で購入し、いまでも手元にあるトリオ（現ケンウッド）の名作・KA-7300は、ボンネットの中身をのぞいてみると、そこに投入されている物量と人間の手仕事に驚く。左右チャンネルを電源トランスから分けるという「二電源方式」の元祖。ふたつの大きな電源トランスと四本のぶっとい電解コンデンサーが勇ましい。筐体の底板を外すと、おびただしい数の電線が血管のようにあちこちを這いながら、その両端でていねいにハンダ付けされている。ツマミやスイッチはしっかりした造りで、どこにも手を抜いていない。持ち上げてみれば、想像以上にずしりと重い。

KA-7300は当時の定価六万五〇〇〇円。マニアがちょっと頑張れば買える値段だった。そう、「頑張れば報われる」という時代だった。いま、中国やインドに活気があるのは、多くの国民が頑張れば報われることを信じているからにほかならない。「報われる人口の比率」の大きさが国の活気につながっている。七〇年代の日本は、まさに現在の中国だった。そういう時代に、いい音を聴きたいという層に向けてトリオのエンジニアは頑張った。販売戦略上のコアとなる普及機に手を抜かないのがトリオの良心であり、ケンウッドと社名を変えてからも、さらには最近の「K's」シリーズでもその精神は変わらないが、KA-7300は一世一代の傑作だと思う。オーディオ界での六万五〇〇〇円というお金の価値を一気に高めた製品であり、休みなどロクに取れない労働過剰の日本人に、明日への活力としての音楽を聴かせてくれた。

私のKA-7300は、改造とドーピングを重ね、とても人様にお見せできる姿形ではないが、いずれオリジナル状態のKA-7300あるいは改良型である7300Dを入手する計画なので、そのときにあらためて取り上げようと思う。現在、中古オーディオ店とインターネットのオークションを日々物色中。とにかく、三〇年前の普及型アンプでも、ちゃんと稼働状態のものがあるわけで、昔の国産工業製品には「コストダウン」という名の「手抜き」がなかったかということを、しみじみと感じる。

五〇年代のヴィンテージ品や真空管アンプは言うにおよばず、七〇年代から八〇年代までのオーディオ製品も、だいたいが現在でも修理可能だ。アンプにつかわれているパワートランジスタが飛んでしまっても、コンデンサーが容量不足になっても、多少音が変わることがある点を覚悟すれば代替品はあるし、気合いを入れて探せばオリジナル部品のストックに行きあたることだってある。ベルトドライブのレコードプレーヤーとかカセットデッキも、専用ICがつかわれていることはほとんどないから修理不能のケースは少ない。

日本の経済成長を支えたこれらの製品を、ほとんど役人の気まぐれ的発想で「使用不可」にしてしまう電気用品安全法の改悪が事実上の骨抜きになったきっかけは、あの坂本龍一さんらによる「我われの買い物に対して役人からとやかく言われる筋合いはない」という発言だった。改正法は二〇〇一年四月一日に施行されており、〇六年に世の中をにぎわせた件は、電気冷蔵庫、テレビ、音響機器、電子楽器など「五年間の対象猶予期間が切れる製品」についてだった。本来なら法改正される段階でメディアが『そんな法律はおかしい！』とチェック機能を発揮しなければならなかったのだが、電気用品安全法の法改正を審議する委員会を取材していたのは、おそらく専門紙誌だけだろう。だから世の中一般には話題にもならなかった。

なぜ、電気用品安全法が改正されたかと言えば、ゲーム機やコンピューター周辺機器に使用されていたACアダプターの発火事故多発がきっかけだった。そのほとんどは中国製であり、日本の家電・コンピューター業界が仕入れ単価の安い中国製へといっせいに目を向けたことが原因である。いまでも『ACアダプターの無償回収・交換のお願い』が後を絶たないように、「安けれりゃなんでもいい」ふうの丸投げ外注で調達された製品がもたらした事故が、監督官庁である経済産業省の役人を怒らせたのである。

その結果、電気用品取締法が改正されて電気用品安全法となり、〇一年四月に施行。新法マークと呼ばれる「ＰＳＥマーク」の取得が義務付けられた。「新しいルールで縛るゾ！」という行政側の意思表示である。ただし、いきなり新ルールの適用では家電業界も困るし消費者も混乱するから、製品ごとに猶予期間が設定された。オーディオ機器や電子楽器の猶予は五年間、つまり〇六年四月一日からの適用となったのである。

このとき、経産省の担当課には中古品のことなど眼中になかった。中国製ＡＣアダプターをつかう新製品しか頭になかったようだ。そのため、中古品販売業者に対してはロクに情報開示されず、五年の猶予が切れるギリギリになって業者側が騒ぎ出すという事態になった。ヴィンテージ品のシンセサイザーを愛用している坂本龍一氏らがアクションを起こしたのは、このときだった。

不可解なことに、新法適用の猶予期間は、問題を起こした直流電源装置（ＡＣアダプター）は七年間と長い。大手家電メーカーの部品調達事情に配慮したためだろう。電気マッサージ機、電気スタンド、エアコン、電動工具などとともに〇八年四月一日の新法適用だった。蛍光灯用ソケットや配電管などはさらにその先、二〇一一年四月一日の新法適用と決められた。

バブル崩壊で経営方針の見直しを迫られた家電・コンピューター業界の製品について言

えば、中国や東南アジアに生産拠点を移した九〇年代末から二〇〇〇年代初頭あたりにかけて、かなりトラブルが多発していた。じっさい、拙宅でも新品で購入したばかりの某有名家電メーカー製テレビからちょろちょろと煙が出たり、CDプレーヤーが突然停止して焦げ臭い煙が出たことがあった。メーカーに連絡したところ「すぐに伺います」とサービスマン氏がやってきて、テレビは数日後に「対策品」に交換された。製品型番の末尾にアルファベットが一文字追加されただけの製品だった。購入二日後に煙を出したCDプレーヤーは、電話したその日の夜九時にメーカーのサービスマン氏が新品を携えてやってきた。おそらく、同様のトラブルは私だけではなかったのだろう。

ところが、お客様相談室に「なぜ煙が出たのですか？」と尋ねても「それは言えません」だった。「新品と交換してあげたのだからいいでしょ」とでもいいたげな答えには私も憤慨した。人間の仕事には必ずミスがつきまとう。設計・製造上のミスは仕方ない。しかし、トラブルがあった場合は、その原因を追究して消費者に開示することが製造業者側に求められる説明責任ではないだろうか。こういうていたらくだから、経産省が法改正して業界を縛りたくなるのも無理はない。まあ、その経産省の仕事も穴だらけだったが……。

三〇年前、トリオKA－7300のような良心的な製品を生み出していたエンジニア魂と企業姿勢は、どこに雲散霧消してしまったのか。もちろん、拙宅で煙を出したのはケンウッド（旧トリオ）製品ではない。ケンウッドと、同社から枝分かれしたアキュフェーズはとても良心的な企業であり、だから現在も好きだ。そうではなく、日本の財界の中でも影響力があり、年間売上高数兆円の大企業が、消費者への説明責任を平気で無視する。ACアダプター発火事故などは、起こるべくして起こった出来事だと思わざるを得ない。

そして、振り上げたコブシをどこに下ろそうかと迷った揚げ句、PSEマーク取得の適用除外的な結論で「ヴィンテージ品の認定」という逃げを打った経産省。そもそも、販売品ではなくレンタル品ならPSEマークは要らないとか、PSEマーク取得試験そのものが簡単な漏電検査だけとか、「安全」というものをどうとらえているか理解に苦しむ法律だけに、なし崩し的なうやむや路線に逃げ込んだという結末も自業自得。オーディオマニアとしては、商品としての中古品を自由に購入する権利を取り戻したのだからよしとしよう。勝利には違いない。

で、このとき、個人的に考えたのが「非PSEマーク取得品」による中古コンポを戦勝記念に組んでみることだった。いまやステレオ2チャンネルのピュアオーディオ機器は安価な製品と高額品とに二極分化しており、「再生音」に対してそこそこ興味を持ってきた人たちにお勧めできる良心的な製品が極めて少なくなった。しかし、中古品なら選択肢はぐーんと広がる。予算は六万五〇〇〇円以内。トリオKA‐7300に敬意を表して六万五〇〇〇円と決めた。

一九七五年発売のトリオKA‐7300は六万五〇〇〇円だった。当時の六万五〇〇〇円、ベトナム戦争がようやく終結し、我が母校・東京都立両国高校の校庭で六価クロムが検出されたその年の六万五〇〇〇円は、現在の六万五〇〇〇円とは比較にならない価値だと思うが、とりあえず現在の六万五〇〇〇円で選んでみた。

まずアンプ。二万円も出せば、質の高い中古品が手に入る。中古オーディオ店ではなく、リサイクルショップで見付けたパイオニアA－UK3は消費税込みで一万四七〇〇円だった。エクスクルーシヴ・シリーズの設計を担当していたマーク・ウッドさんがコンセプトメイキングを担当した、お金をかけないバジェット・ハイファイ本家のイギリスでヒットした製品である。九三年の発売当時には四万五〇〇〇円の定価だった。同じものをインターネットオークションでも発見。こちらは八〇〇〇円だったが、作動チェックをやっているリサイクルショップだったので、安心料込みの一万四七〇〇円はけして高くはない。

スピーカーは百花繚乱。安くあげようと思ったらネットオークションはねらい目だ。電源部を持たない製品だから個人間売買でも「音が出ない」などという事故は少ない。しかし、私の目にとまったのは、取材で訪れた某地方都市のオーディオショップに置いてあった中古品、ビクターSX－F3だった。九五年発売で当時の定価はペア八万円。小型2ウェイ・スピーカーのヒット作となったSX－V1（ペア一五万円）に似た大きさのエンクロージャーは、ユニットが取り付けられているフロントバッフルと側面が無垢のくるみ材、つまりウォールナッツ材。その仕上げがとても美しい。調べてみれば、低音域を受け持つ

SONY のアンプ、TA-F510R の中身。リンゴのような形状のトロイダルコア電源トランスは部品単価が高いが、音には効いてくる。

ウーファーはクルトミューラー社製のパルプコーンじゃないですか。これが税込み二万二六〇〇円。

アンプはほかにも見付けてしまった。オーディオユニオンお茶の水店の中古コーナーにあったSONYのTA-F510R。リモコン付きだから「R」で、これは寝室での使用に便利。新品当時の価格は定かでないが、外観程度バッグンの中古で一万七八〇〇円は十分に魅力的。専門店での販売だから安心感がある。オーディオ誌では取り上げもしなかった製品だが、トロイダルトランスをつかうなど電源部にお金をかけながらも、ほかをうまく端折ってコストを切り詰めた設計である。こういうアンプで音楽ファンを取り込めなかったことが残念だ。「部屋に置きたい」と思わせるデザインでなかったことが敗因か。聴いてみれば、ミニコンポとはあきらかに次元の違う音なのに……。

サンスイやマランツのアンプは、残念ながら二万円台ではめっきり品薄だった。マランツのＰＭ８０ａあたりはネットオークション出品のちょっと怪しそうな品でも高い。見てくれが悪くても格安であれば……と思っていたが、私がまわったオーディオ店の中古在庫にはなかった。さすがに二万円前後ではアンプの選択肢がかぎられてくる。ただ、お気に入りのスピーカーがあるのなら、アンプ選びを割り切ってスピーカーに予算を重点配分するほうが結果オーライのケースが多い。

私自身、アンプという機材が大好きなのだが、アンプだけでは音が出ない。最後はスピーカーが音を出してくれるわけで、それだけにスピーカー選びは慎重になる。

いっぽう、普及価格帯のアンプは定価の五〇〇〇円の差がもろに音に表れてくるから、個人的には製品の年次の新しさより定価の高さを優先して選ぶことにしている。コンデンサーなど物理的に劣化する部品の「旬」は「意外に短い」とも言われるが、九五年製品の四万九八〇〇円よりは九〇年製品の五万九八〇〇円を選ぶ。部品単価の積み重ねが製造原価であり、そこから販価が決まる。どんなに回路を工夫しても、販価の差が一万円あれば、やはりつかわれている部品のグレードが違ってくることが多い。しかも、単品での採算度外視という経営戦略上の超バーゲン製品が八〇年代から九〇年代にかけて生まれ、その下限は定価五万九八〇〇円だった。

さて、ＣＤプレーヤーはどうしようか……と思ったところ、フルサイズコンポのＣＤ専用機が二万円前後では圧倒的に少ない。九〇年前後の製品はあるのだが、当時のフェイスデザインは選曲用のテンキーなど小さなボタンを並べたものが多く、シンプルなA－UK3には似合わない。ならばネットオークションで入手したポータブルCDでいいやと思い、SONYのD－E880を組み合わせることにした。送料込みで三〇〇〇円ちょいだった。電池駆動でつかえば音は結構いい。

これだけじゃダメだ。アナログプレーヤーを加えないとコンポは完成しない。A－UK3にもTA－F510Rにもフォノイコライザーが付いている。ぜひ活用したい。コストの制約からMMカートリッジ対応に絞りながらも音を詰めた形跡のあるイコライザー回路だ。ボンネットを開けてみれば、設計者が部品点数削減に知恵を絞ったことがうかがえる。CD時代の普及価格帯のプリメインアンプだが手は抜いていない。

中古品のアナログプレーヤーは、価格帯、製造年次、ダイレクトドライブかベルトドライブか、オートかマニュアルか……をえり好み出来るくらいに流通量が多い。安心できるのは、オーディオ専門店できちんと作動チェック、あるいはオーバーホールが行なわれたものだが、ネットオークションでも出物はある。ただし、出品紹介文の内容と写真の撮り方から、その出品者のオーディオマニア度（スペックマニアは敬遠します）と人格を推測しなければならず、リスクは付きまとう。幸い、私の買い物は「当たり」だった。パイオニアのオートリターン機能付きダイレクトドライブ・プレーヤーPL－370Aが送料込みで約一五〇〇円。この値段なら一年で故障しても文句はない。輸送と修理部品の問題か

GEMINI から発売のベルトドライブ式マニュアルプレーヤー TT-01。

らダイレクトドライブ方式の中古品は敬遠していたが、これはいい買い物だった。

もちろん、アナログプレーヤーは新品でも入手できる。クラブＤＪご用達のジェミナイ（ＧＥＭＩＮＩ）から発売のベルトドライブ式マニュアルプレーヤーＴＴ‐０１は実売価格一万七〇〇〇円前後。黒いプラスチックの筐体に短いストレートアームの組み合わせで、アームの高さ調節機構は省略されているがピッチコントロール付き。レコード盤に針を降ろす位置には取り外し式のライトがある。使ってみれば、入門用としては十分だ。

こうして集めた機材を、いろいろ組み合わせて聴いてみた。アンプ二台。スピーカーはネットオークションにて送料込み約四〇〇〇円で入手したオンキョーＤ‐０７２Ａを加えて二組。ＣＤプレーヤーはポータブル型。アナログディスクプレーヤーは二台。どの組み合わせでも六万五〇〇〇円でおつりが来る。二〇〇四年発売のチューナー＆ＣＤ／ＭＤ付きコンポ、ケンウッドＲ‐Ｋ７００も参考までに加える。そう、Ｒ‐Ｋ７００があった。新しい「K's」シリーズの先発投手として「七回無失点」並みの仕事をした製品。これにペア三万円の中古スピーカーを組み合わせれば、六万五〇〇〇円でアナログディスクを除いたあらゆるソースを楽しめる。

まずは、懐かしいビートルズのアナログLPレコードから「ゲットバック」をかけてみた。そう、「取り戻せ！」だ。今回のテーマ曲はこれがふさわしい。収録されている帯域は狭いが、音楽がダンゴになってストレートにぶつかってくる。そのムードとノリを出してくれればまずは合格だが、出てきた音は期待以上だった。

このPSE戦勝記念中古品探しで集めた機材は、しばらく拙宅で過ごしたのちに奉公に出てもらった。「いい音で音楽を聴きたい」と思っている後輩たちに譲った。そして、いまも大切にあつかわれている。きっかけさえあれば多くの音楽ファンがハイファイ・オーディオの門を叩くのだが、そういうアクションを起こしたいと考えている若者に対して、いまの日本はひじょうに冷たい。一セット数万円もするケーブル類を喜んで買い求めている層だけがファンではないはずなのだが……。

ネット・イズ・ノット・イナフ

二〇世紀最後の年、わが家のインターネット環境はまだＡＤＳＬだった。ダイアルアップ式に比べれば通信速度は格段に速くなったが、インターネットのサイトから音楽をダウンロード（ＤＬ）して聴くなどということは夢にも考えなかった。それが、わずか数年で楽曲ＤＬは当たり前になった。わざわざＣＤを買いに行かなくても好きな曲を聴くことができる。いつでもどこでもネットワークにアクセスでき、必要な情報を高速ＤＬできる世の中……いや、クラシックとジャズのファンにとってはそう簡単な話じゃない。ネット社会にはジャンル差別が存在する。

いまや家電量販店の売り場の一角を携帯（ポータブル）型のデジタルオーディオプレイヤー（以下ＰＤＡＰ）が占めている。アップルコンピューターが「ｉＰｏｄ」のウィンドウズ版を投入して以来、この分野は大盛況だ。「打倒ｉＰｏｄ」の商品開発と同時に、ｉＰｏｄの売れ行き好調に便乗しようというサードパーティによる「専用アクセサリー」開発が活発になり、まさに相乗効果を生んでいる。

かつてiPodはマック(マッキントッシュ)ユーザーだけのPDAPだった。私がマックをつかい始めた八九年当時、クロック周波数三三キロヘルツかそこらでHD(ハードディスク)容量たった四〇メガバイト(本当です!)のマシン本体が、たしか八〇万円ほどした。かくも割高なPC(パーソナル・コンピューター)をつかう理由は、仕事でつかいたかったソフトウェアの多くがマッキントッシュ用しかないということと、それ以前につかっていたNECの「PC9800シリーズ」というDOSマシンで何度も痛い目にあった人間としての自己防衛本能だった。

やがてソフトウェア・メーカーはウィンドウズ市場の大きさに目がくらんで、マック専用ソフトをつぎつぎとウィンドウズ対応化していった。いま、ソフトウェア面でマックをつかうメリットはほとんど存在しない。それでもマックをつかう意義は「iPodにあり!」と自慢できる時期が少しだけあった。初代iPodの日本登場は二〇〇一年。ウィンドウズ用が登場するまでの間は、マックユーザーだけがiPodをつかうことができた。特権の日々だった。「それ、何ですか?」と尋ねられることが多かった。

いまや、マックをつかい続ける意義は、スティーブン・ジョブス氏への尊敬でしかない。その昔、IBMが開発中だったGUI(グラフィック・ユーザー・インターフェイス)をジョブス氏は見事につかいやすい操作方法にまとめあげ、難しかったコンピューターの操

PCの画面は「iTunesミュージックストア」のトップページ。このサイトで楽曲を購入できるが、クラシックのコンテンツは少ない。

作を一気に小学生レベルまで押し下げた。ほぼ同じ時期にＧＵＩをモノにしようと考えたビル・ゲイツ氏を完全に先んじた。『窓を開けるように次々と機能が開く』というウィンドウズのインターフェイス・コンセプトはジョブス氏のアイデアのパクリであり、完全なパクリを避けるために、ウィンドウズＯＳには人間の感覚に反したプルアップメニューが入り込んでいるのだと私は思っている。

……などと主張しても、それはｉＰｏｄ特権を剥奪されたマック・ユーザーの負け惜しみであり、当のアップルコンピューターは実売価格を厳格にコントロールしながらｉＰｏｄの販売台数を伸ばしている。分解してみればすぐに想像できる劇的なコストダウン効果を価格には反映させず、ひたすら利益を挙げている。まあ、それでもｉＰｏｄの魅力は色あせないから大したものだ。ブツブツ言いながらも、私は合計七機のｉＰｏｄを買ってしまった。

　ちなみに、四機目以降はユーザー登録もしていない。ましてや「アップルケア」保証延長プランになど入らない。バッテリー交換はサードパーティから専用キットが発売されているから自分でできるし、たとえ正常な使い方をしていての故障でも、アップルコンピューター日本法人の電話窓口は「あんたの使い方が悪いんだよ！」くらいの言い方をしてきて、無償修理を断るケースをいくつも見ているし、私自身でも体験しているので、iPodに関しては「アップルケア」に支払う『先払いの修理代金』のほうがムダだと思うようになった。

iPodは壊れにくい。信頼できるデバイスをつかい、最短回路を最小限のパーツで構成している。初代機はHD（ハードディスク）と、薄型リチウムポリマー系バッテリーと、一枚の基盤にまとめられたD／A（デジタル・トゥ・アナログ）コンバーター回路およびオペアンプで構成されていた。このパッケージングを考えたエンジニアは天才だと思う。二代目ではスクロールホイールが電気式になり、機械的な回転操作部品が不要になったことで、さらに信頼性は高くなった。動画再生機能が備わってからも、部品点数はおそろしく少ない。こういうクローズドアーキテクチャーは日本のお家芸だったが、日本製のHD型PDAPは、まったくもってiPodの構造をパクっている。

……と、けなしながらもホメ殺しているiPodは、いまやすっかり私の必需品。あれほど好きだったDATやカセットテープの再生機材は、自宅の仕事部屋以外ではほとんど出番がなくなった。外出時はiPod出動率が九割以上。そうです、私はiPodの大ファンなのです。

諏訪内晶子のアルバムをダウンロード中の画面。６分ほどで作業は完了した。

しかし、デジタルオーディオのメリットと言われているインターネットからの楽曲ＤＬは、ほとんど利用していない。理由はふたつ。「自分が欲しいと思う楽曲がほとんどないこと」と「音質への不満」である。この二点は、ｉＰｏｄ以外のポータブルＤＡＰではさらに致命的であり、クラシック楽曲はアップルコンピューターが運営する「ｉＴｕｎｅｓミュージックストア」以外ではほぼ壊滅状態。扱ってもいないのだ。再生音質もしかり。世界中のあゆる音楽配信サイトをチェックしてみたわけではないが、クラシック音楽のファンにとっては、インターネットはまだまだ役不足である。

日本語対応サイトでは唯一と言っていいクラシック楽曲ＤＬ可能な「ｉＴｕｎｅｓミュージックストア」は、私もこまめにチェックしている。欲しいと思った楽曲はＣＤを購入するので、せいぜい「無料サンプル」の曲をＤＬする程度である。しかし、興味はあるので、ためしに諏訪内晶子のアルバム『J・S・バッハ　ヴァイオリン協奏曲集』を購入してみた。拙宅のBフレッツ（光ケーブル）でのDL時間は、後処理も含めて約六分。すぐに毎秒二五六キロバイトのビットレートでiPodに楽曲を落とし、同時にCD-Rを焼いた。

マックのラップトップPC（iBook／G4）に収まったDLしたままの曲。そこからiPodに落としたAACフォーマット変換後の曲。DLデータから焼いたCD-R。もちろん持っている同じタイトルの市販CD。その四つを聴き比べてみた。シュアー社製のインイヤー（耳道挿入型）ヘッドフォンE3cをメインにつかい、CDプレーヤーはSONY製ポータブル機D-E880をつかう。聴き比べる曲はヨハン・セバスチャン・バッハの「ふたつのヴァイオリンのための協奏曲」に決める。

まずはPCにヘッドフォンを差し込んで聴いた。第一楽章の出だし、あの有名な旋律がいまひとつ冴えない。二丁のヴァイオリンのかけ合いと、そのバックに流れる弦楽器群とチェンバロは何とか分離しているのだが、全体にこじんまりとした印象で、音像が平板。低音域はかなりあいまいで、コントラバスの音がチェロみたいだ。まあ、PCで聴くクラシックはこんなもんで仕方ないのかな……。これが第三楽章に入ってさらにヴァイオリンが謳いはじめると、こんどはギスギスした刺激音が耳につく。諏訪内さんがつかっているストラディバリウスの音ではない。

続いてｉＰｏｄ第四世代機で聴く。全域で音の分離がよくなる。コントラバス、チェロ、ヴィオラ、ヴァイオリンがちゃんとそれぞれ鳴っている。低域の量感もグッと良くなった。第三楽章を聴いても、広域のギスギスはかなり改善されている。データそのものは、むしろＰＣにＤＬされたもののほうが情報量が多いと思うのだが、ｉＰｏｄのほうが音楽らしく聴かせてくれる。ヘッドフォンを差し込むジャックの奥にあるアナログ回路の差だろうと思う。ＰＣ内蔵のアナログ増幅回路を経るよりは音がいい。

ためしにＰＣとｉＰｏｄをステレオにつないでみた。アンプは普及価格帯ながら駆動力と表現力のあるパイオニア製Ａ－ＵＫ３をつかう。九三年発売当時の定価は四万五〇〇〇円。スピーカーはお気に入りの小型ブックシェルフ機、すでに十年近くつかっているアクースティックラボ製のボレロを組み合わせた。こちらはペアで二八万円ほどだった。スピーカーに対してアンプが安すぎると思われるだろうが、Ａ－ＵＫ３はちゃんとボレロをドライヴしてくれる実力派だ。こういう良心的価格で趣味性のあるアンプがなくなってしまったのは惜しい。

ステレオにつないでも、やはりＰＣから出力した音は平板で響きが痩せている。ＢＧＭ程度に聴くとしても、ちょっと遠慮したい音だ。ｉＰｏｄはまずまず。ヘッドフォンより音の輪郭が太くなる感じだが、力強い絵筆のようで、表現方法としては悪くない。ヘッドフォンも数種類を試したが、輪郭をキュッと引き締めて聞かせる音づくりがｉＰｏｄの特徴のようで、ステレオにつなげばそこそこ開放的な音で鳴ってくれる。

　ＤＬデータをもとに焼いたＣＤ‐Ｒの音は、ｉＢｏｏｋ内蔵のドライヴよりもスマートディスク社製外付けドライヴのほうが印象が良かった。音の傾向は、ステレオにつないだｉＰｏｄに似ていて、低音域で音の線が太くなる。水太りしたような低音だ。市販ＣＤと交互に聴き比べてみると、その差は歴然である。「iTunesミュージックストア」でＤＬした諏訪内さんのアルバムは一五〇〇円。同じ内容の市販ＣＤは二八〇〇円。音にこだわるクラシックファン、いや、オーディオマニアとしては、文句なく二八〇〇円の満足感を取る。

　同じことをジャズのアルバムでもやってみた。ビル・エバンス先生の名盤「ポートレイト・イン・ジャズ」を一五〇〇円払ってＤＬし、ｉＰｏｄに落とし、ＣＤ‐Ｒも焼いてみた。一九五九年という古い録音であり、もともとレンジは広くない。最新録音のクラシックにくらべれば、そのレンジの狭さが幸いしたのだろうか、ｉＰｏｄでの再生もなかなか聴かせてくれる。ステレオにつないで聴くと、ジャズっぽい雰囲気も少し出てくる。ＣＤ‐Ｒに焼くと、そこそこオーディオ機器にお金をかけた喫茶店のＢＧＭ用としても充分に思った。

　スピーカーをＢＯＳＥ製１２１に替えてみると、ｉＰｏｄ再生でもちゃんとＢＯＳＥの音になった。ＣＤ‐Ｒはさらにイイ。分析的なボレロよりも、楽曲の骨格全体をポーンと

やはり市販のCDには音質面でかなわない。オーディオマニアにとってダウンロード曲は、ストレスを溜め込む材料になってしまう。

放り投げてくれるような121のほうが、音が適度に整理されて出てくる。ケンウッドのR‐K700とBOSEの121の組み合わせもよかった。普通の音楽ファンなら「これで充分」と言うかもしれない。

ただし、市販CD（ビクター自慢の二〇ビットK2インターフェイスをつかってデジタル変換した盤）には、やっぱりかなわない。DLデータ全体につきまとっていた、音にならないノイズのようなガサガサしたところがスッキリと消えている。ジャジーな雰囲気は一気に高まる。

「どうなるかなぁ」と想像しながら、コトのついでにアキュフェーズのコントロールアンプとマークレヴィンソンのパワーアンプでJBLのスタジオモニタースピーカーをドライヴし、焼いたCD‐Rをかけてみた。こういう装置になると、DLデータからのCD‐Rと市販のCDとでは「こんなに違うの？」というくらいの差が出る。諏訪内さんのアルバムでも雲泥の差になった。やっぱり二八〇〇円を払ってCDを買うべきだ！

たしかに、ＣＤショップへ足を運ばなくても二四時間好きなときにＤＬできるというのは便利だ。しかし、ネット上にはクラシック楽曲がきわめて少ない。モーツァルト生誕二五〇周年の年でさえ、ｉＴｕｎｅｓミュージックストアには二〇枚ほどしかモーツァルトのアルバムがなかった。「これからクラシックを聴いてみよう」という人には、手軽で安価なＤＬはちょうどいいキッカケになるだろうが、クラシックマニアにとっては『ネット・イズ・ノット・イナフ（ピアース・ブロスナンのジェームズ・ボンドっぽい英語で）』だ。ネットじゃ物足りない。

それと、デジタルデータに付き物のトラブルを「ポートレイト・イン・ジャズ」のＤＬ中に経験した。三曲目のＤＬ途中に、それより先に進まなくなってしまったのだ。仕事部屋に四台あるマックを取っ換え引っ換えしてトライしたが、やはり同じところでＤＬが進まなくなる。時間を置いてトライしてもだめだった。その旨をアップルコンピューターにメールしたところ「最新バージョンのｉＴｕｎｅｓをつかっていますか？」といった、人を素人扱いする返信メールが届いたものの、再開したＤＬで無事「ポートレイト・イン・ジャズ」をＤＬできた。

さすがにお金を取るだけあって、ｉＴｕｎｅｓミュージックストアでは、ＤＬ中に故意にＰＣを停止させても、次回の接続時にちゃんとＤＬを再開してくれる。通信環境が悪くてＤＬに失敗しても、お金をムダにすることはない。このあたりのケアはしっかりしている。ただし、私のようにＤＬ用の楽曲データそのものに問題があるのではないかと思われるトラブルについては、アップルコンピューター日本法人は何も答えない。サーバーもしくはデータに不備があったのでは？　と思う。

「ほかの国のｉＴｕｎｅｓミュージックストアはどうかな？」と思い、アメリカ、イギリス、ドイツあたりのサイトをのぞいてみた。日本語版サイトよりクラシックとジャズが充実しているのですよ。おもわず「やったー！」と叫び、さっそくアルバムを購入しようとしたが、日本のｉＴｕｎｅｓミュージックストアに登録したクレジットカードでは海外サイトからのＤＬが出来ない。

この件をアップルにメールしたところ、以下のような回答だった。

「他国のｉＴｕｎｅｓミュージックストアの曲は、その国にお住まいの方で、その国で発行されたクレジットカードでのみご購入いただけます……曲の販売権を持つレコードレーベルが国によって違うため、選択できる曲のリストが国ごとに異なりますことを何卒ご了承下さいますようお願い申し上げます」

このあたりは、海外レーベルと契約している日本の企業からクレームが来ないようにしているのだろう。日本国内向けのＪポップが楽曲ＤＬ業界ではドル箱だろうから、クラシックとジャズの扱いが極めて少ないのも仕方ない。しかし、世界規模のクラシックとジャズのレーベルについては、日本居住者向けにＤＬサービスをやっても、それほどレコード会社の収益に影響ないのでは？　すでに通信販売では海外からでも当たり前にＣＤを購入できる。日本で発行されたクレジットカードでちゃんと買い物ができる。こうした防波堤をつくること自体が、いずれビジネスチャンスをつぶす要因になるはずだ。

ああ、そういうことか。「日本の法律に基づいて運営しています」というアダルトサイトが「モザイク」や「ボカシ」の修正アリで、どう考えても日本企業が運営していると思われる海外サーバー発信のアダルトサイトが大手を振って「無修正」というヤツだな、これは。要するに建前論であり、ボーダーレスのネット社会とは言うものの、実際にはネット内に国境があるというヤツだ。海外よりも割高な値付けをしている日本のレコード会社の既得権を損なわないようにするための配慮だ。

しかし、アルバムの中から一曲だけ一五〇円でＤＬしてみて、「あ、これイイな」と思ったら、私は迷わずＣＤを買う。世の中のクラシックマニアとジャズファンにはオーディオマニアが多いのだから、ＤＬと市販ＣＤの両方を購入する人もいるはず。そのあたりを考えてサイト上の楽曲充実をお願いしたい。

また、ｉＴｕｎｅｓミュージックストアにはリクエストもできるが、はたしてひとりやふたりのリクエストでアップロードされるのだろうか。Ｊポップだけが商品ではないということを考えていただきたい。「売れるものだけそろえる」と、いずれコンビニのようなつまらない品ぞろえになってしまう。

それにしても、なぜクラシックは嫌われるのだろうか。作曲された年代が古いだけで、クラシックにはラブソングもあればエロチックな曲もある。学校の音楽の授業で無理矢理聴かされた「退屈な曲」というイメージを若者に捨ててもらうには、ネットでの無料ＤＬが手だろうと私は思っている。若者たちにとっては、出席を取られるからイヤイヤ出向いたコンサートホールで聴かされた「退屈な曲」が、そのままクラシックのイメージなのだ。そのまま大人になり、クラシックを忌み嫌ったまま人生を終える。教育関係のみなさんは、いま世の中で行なわれている音楽教育こそが「クラシックを嫌いにする特効薬」であることを肝に銘じ、無料ＤＬのサイト立ち上げをレコード会社に交渉すべきだ。

いや、本来なら家電業界が率先して動くべきだ。クラシック音楽ファンの減少はオーディオマニアの減少にもつながるのだから。

レッツ・ストック・トゥギャザー

いまや世の中は「iPod」に代表されるポータブル型デジタルオーディオプレーヤー（PDAP）に支配されてしまった。私自身、七機のアップル製「iPod」を買い込み、それ以外にも数種類のPDAPを所有する始末。あれほど好きだったカセットウォークマンの出番がめっきり減った。しかし、秋の気配とともに、私の心の中にカセットへの想いがひょこひょこと頭をもたげてきた年もあった。感情の発散が夏なら、収束は冬。寒くなるとアナログディスクや真空管アンプへの想いが強くなる。私自身、自分におどろいたが、その年はラジカセへと心が動いた。

道路地図を見ながら向かったのは東京都足立区。面会の相手はラジカセ・マイスターの松崎順一氏。毎日気になって仕方ないインターネットのウェブサイト（http://www.designunderground.net/）を運営されているウェブマスターであり、ラジカセを中心に中古オーディオ製品などを修理・販売する『デザインアンダーグラウンド』を主宰されてい

松崎さんの倉庫から出されたストックのラジカセ。棚に入りきらず通路に並べてあったものだ。こういうものが数百台あるから驚く。

る人だ。勝手にマイスターと呼ばせて戴きます。

デザインアンダーグラウンド（以下ＤＵと略）のウェブサイトには、松崎さんがレストアした七〇年代後期から八〇年代前期のラジカセが「商品」として紹介されている。あの、ニッポンのモノづくり企業が並々ならぬ心意気にあふれていた時代に、一〇代の少年から二〇代後半あたりまでの青年たちを夢中にさせたラジカセである。メディアはコンパクトカセットテープ、いわゆるＣカセ。オランダのフィリップス社が規格をまとめ、世界中を席捲するデファクトスタンダードとなった、お馴染のカセットテープである。ラジカセに内蔵されているのはＣカセの録音・再生機構とラジオのチューナーだけ。ＣＤが生まれる以前の機械である。それが三〇年近くの時を経て実用に耐える状態に復元され、商品として販売されているのだ。

ＤＵのウェブサイトが気になって仕方なかった私だが、ラジカセを買う決心はなかなかつかなかった。世の中の常識から言えば、けして狭くはない一軒屋住まいだが、仕事部屋にしている私室はとにかくモノであふれている。「ラジカセを買っても……だいたいどこに置くんだよ！」と自問自答すれば、自然と答えは出てくる。「買うなら部屋を整理しなくちゃ」と。

　新たな買い物のために在庫処分したのはカメラだった。歴代ライカとニコンの「Ｆ」一桁シリーズおよび「ＦＭ」系、オリンパスのＯＭシステムあたりの機械式カメラを中心に手元に残し、オートフォーカス系カメラとレンズの大半を処分した。売却益の半分は、例によってオーディオ機器に化けたが、それでも私室はだいぶスッキリした。カメラを仕舞ってあったクリアボックスがいくつも空になった。

　コトのついでに出番が激減したカセットデッキとアンプ類を数台と、捨てずにとっておいた年代物のマッキントッシュ・コンピューターも処分した。あとは仕事机の周辺を片づけ、窓際に積んだ本やらＣＤやらを所定の場所に収めればラジカセを置くスペースを確保できる……と、ラジカセ「お迎え」の準備が整いつつあることを実感した私は、ついにＤＵを主宰するラジカセ・マイスターに会う決心をしたのだった。

　よく晴れた土曜日、愛車二号の八三年型ボルボ２４０で足立区を目指した。とっくの昔にカーステレオが壊れたボルボである。もちろんカーナビなど付けていない。毎年買い替える地図帳を頼りに指定された「倉庫」へと向かった。そう、本当に倉庫だった。

「いま、通路を開けますから……」と、松崎さんはガサゴソとラジカセの山を片づけながら、薄暗い倉庫から出てきた。な、なんと……パッと見ただけで軽く三百台はありそうなラジカセの山。レトロなテレビだとか昔よく遊んだボードゲームの類いも棚に並んでいる。私を中に案内するために数台のラジカセが外へ出された。久しぶりに太陽光を浴びたであろうストックのラジカセはホコリだらけで、ＤＵのウェブサイトに紹介されている商品写真とは似ても似つかない。しかし、その数秒間で、私は松崎さんの仕事がいかに手のかかるものかを悟った。

そう、三〇年前のラジカセがピカピカにきれいであるはずがない。使い込まれたモノばかりだ。プラスチック成型のスピーカーグリルにはホコリがたまり、スイッチ類の一部が欠損しているものもある。手作業で汚れを落とし、メカに固着したグリスを落とし、電気回路やＣカセのメカをチェックし、必要あらば修理する。音楽を満足に聴くことができる状態にするには、かかりっきりでもおそらく三日は要るだろう。国産乗用車の平均的修理工賃は時間当たり約八〇〇〇円だから、一日八時間の作業で三日かかるとすれば、工賃だけで一九万二〇〇〇円。自動車でも家電製品でも生身の人間が自分の技術力を駆使して手作業で仕上げるという手間は同じだから、当然これくらいの価値はある。

「部品はいまでも入手できるんですか?」

いきなり質問する私に、松崎さんは困惑することもなくていねいに答えてくれる。

「カセットの磁気ヘッドやピンチローラーは、補修部品の新品デッドストックも確保してあります。カセットメカ駆動用のベルトはあらかた入手可能です。すり減ってしまったギアは、歯数と径が同じものを探してくるか、あるいは同じ機種を一台バラして部品取りをします。部品取りのためにストックしているジャンク品のラジカセもたくさんありますから、だいたいレストアできますよ」

そう軽く言われて私は面食らった。……いや、その手間は大変なものですよ。DUのウェブサイトで紹介されている中古ラジカセの値段は、フルレストア品でもせいぜい三万円。ぜったいに儲からない。儲かるはずがない。

「お金を儲けようと思ったら、ほかのことをします」

と、これまた軽く言われて面食らった。松崎さんにとってはラジカセ修理が生活そのものであり、趣味でありついでに仕事にしている。でなきゃできない。

「レストアの依頼は二百台くらい入っています。どんどんこなさなくちゃならないのですが、二年間待っていただいているお客さんもいらっしゃるので……」

ああ、これはマニアとマニアの間でしか通用しない「あうん」の呼吸だ。二年間も待って古いラジカセを手に入れる。ほかに代用品がないから待つ。二年間なんぞ苦にならない。待つだけの価値があることを信じて疑わない。そういう世界だ。

さっそく私は、松崎さんに切り出した。

「SONYの1700番台が欲しいんです。1700でも1760でもいいのですが、あの時代の、ちょっと小さめのやつを……」

松崎さんはうなずいた。

「SONY製は断トツの人気です。七〇年代後期から八〇年代半ばあたりまで、ちょうどスタジオ1980が登場する前後はとくに人気ですよ」

うん、わかる。あのころのSONYはスゴかった。カタログを見ているだけでワクワクドキドキの製品ばかりだった。判官びいきの私は、松下電器や日立といった老舗大手の製品よりも、新進気鋭のSONYとか、品質二流と判断されてしまうシャープやサンヨーが好きだった。七〇年代末のSONY製品は、私にとって充分に判官びいきの対象になり得た。いまほど会社の規模は大きくなかったし、老舗メーカーや流通を敵にまわして闘っていた。そんななかで「こんな製品、ほかでつくれますか？」という自信にあふれた製品をずらりとそろえていた。

そもそも私のラジカセ熱発症は、愛用していたSONY製のカセットデンスケ「TC2850SD」が修理不能になったことが原因である。故障は伝染するらしく、ほぼ時を同じくしてテクニクス（松下電器）「RS-646D」も寿命が尽きた。修理を重ねながら長いことお世話になったステレオ野外録音機が二台、つかえなくなった。まあ、野外でのステレオ録音はDAT（デジタルオーディオテープ）があるからいい。でも、カセットテープに詰め込まれた私の想い出を手軽に再生してくれるスピーカー付きの乾電池駆動機材が欲しい。録音できなくてもいい。ついでにラジオも聴きたい。

つまりラジカセだ。音楽を「聴く」ために設計されたラジカセが欲しい……という欲求は、息絶えてしまったカセットデンスケが私の脳に何か微弱な信号を送りつづけているかのように、日に日に強くなっていったのだ。

「スタジオ１９８０はとても魅力的な機種ですが、ちょっと大きい。じつはカーステレオ代わりにクルマの中でラジカセをつかいたいんです。センターコンソールの下の方に粘着テープで固定して……だから小さめの機材がいいんです」

「１７００はいいですよ。何台もレストアしました」

うん、そう言って背中を押してもらいたい。

「丈夫で良くできているラジカセですから、きちんとレストアすれば一〇年はもつでしょう」

たしかに、あの時代のラジカセは丈夫だ。持ち歩いて野外でつかうように設計されていた。インターネットのオークションでジャンク品のラジカセを手に入れ、試しにバラしてみたことがある。「中身を見てビックリ！」だった。鉄板を折り曲げてビス止めと溶接で組み上げた丈夫なシャシーにカセットメカをマウントし、回路基盤同士はコネクターではなくハンダ着けの配線。専用ＩＣはひとつもつかわれていなかった。トランジスタやコンデンサー、抵抗がびっしり並んでいた。表面実装技術が進んで手配線がなくなり、整然とした街並みのニュータウンみたいな回路設計の現行製品とは、まるで別世界だった。

倉庫の奥にある作業スペースで。測定器とハンダごてと松崎さんの組み合わせが、なぜかとてもよく似合っている。

しかも、ハンダづけは半端じゃなく丈夫だった。部品が木立のように並ぶベークライト製の基盤は、あのころの日本そのものだ。ひとつずつ部品をハンダで基盤に固定する作業をこなしていたのは人の手。単純な繰り返し作業を完ぺきにこなしてくれた手である。どんどんつくればどんどん売れる。あしたの生活はもっと良くなっている。そういう希望と信念が、踏んづけても壊れないいんじゃないかと思えるような基盤からは伝わってくる。

「そうなんです。まさにイケイケのムードですね、あの時代は。機能を足し算でどんどん増やして、アンプの出力もどんどん上げて、音が物足りないとなればスピーカーの口径を大きくしたりツィーターを追加したり、そのために筐体もさらに大きくして、内部にすき間ができればさらに機能を増やして……とにかく中身をぎっしりと詰め込まないと気が済まない。そういうモノづくりでした」

その揚げ句、ステレオラジカセは持ち運べないくらいに大きくなった。ダブルカセットにスピーカーユニットが六つ、アンプの出力は二四ワットで、筐体は横幅七五センチの重量一〇キロ……というシャープの「ザ・サーチャーW909」の、実物を見てたまげたのを覚えている。CMには当時のNHK交響楽団の指揮者だった岩城宏之さんが出ていたっけ。

そうなんです。当時のFM放送は番組の質が高かった。クラシックからジャズ、ロックまで、ライヴ録音ものや新譜の紹介がゴールデンタイムにオンエアされていた。おしゃべり番組はAMに任せて、FM波のクォリティを活かした番組が多かった。テレビも、精神的にちょっと背伸びして見るような番組が多かった。四六時中若者向けみたいな安易で不可解な番組編成の現在とは大違いだった。だから、ラジカセのCMに岩城さんを登場させていた。そういう時代だった。

しかし、巨大化・高性能化するラジカセも所詮はラジカセであり、そこを卒業してコンポーネントステレオの世界に足を踏み入れたいと想っている人たちにとっては「通過点」に過ぎなかった。じつに良くできていたラジカセも、お世話になった人たちから「オーディオ機器」とは認められない。「コンポを買えなかったから仕方なく使っていただけだよ」と。短波放送を受信できるメカメカした風体の大型ラジオは中古品市場が確立されるのに、ラジカセは不遇だった。

「不遇でもないんですよ。あのころのラジカセは、発展途上国でちゃんと現役生活を送っています。捨ててしまったのは日本だけです」

えっ？　どういうことですか？

「日本で廃棄されたラジカセのうち、修理できそうな機種は東南アジアなどへ輸出されるんです。以前からそういうルートがあるんです。現地で修理されて、ラジオの周波数帯も現地に合ったように変更されて、ちゃんとつかわれています」

なるほど。そういうことですか。でも、いまじゃ値段の安い中国製ラジカセがあるじゃないですか。

「いや、古い機種が人気なんです。専用ＩＣをつかっていない時代の機種でないと修理できませんから、おのずと七〇年代後期から八〇年代半ばまでの機種に絞られます。テレビもそうです。古い機種が人気です。なんたってあのころはメイド・イン・ジャパンですからね」

ああ、そうか。メイド・イン・ジャパンか。日本企業がマレーシアやベトナムのトランスプラントで組み立てたミニコンポがニッポンの家電量販店にあふれていても、数千キロ離れた国々では古くても日本製であることが大事なんだ。

「ヨーロッパでもアメリカでも、オーストラリアでも同じですよ。当時の日本製ラジカセはものすごく評価が高いんです。コレクターは大勢います。日本よりアメリカのほうがインターネット普及が早かったので、すぐさまラジカセのネットオークションが始まりました。それで、眠っていたお宝が流通するようになったのです」

うん、たしかにアメリカでは巨大な日本製ステレオラジカセが小さな雑貨屋やハンバーガーショップでいまだに音楽を鳴らしている。油とホコリにまみれたラジカセ。カセットテープの「イジェクト（取り出し）」「再生」ボタンだけは毎日さわるからメッキが剥げていて、チューニングダイアルは固着して動かなくなっているけれど『オレはこの局しか聴かねえから』と頓着しないお兄ちゃんが店番しているような感じの店にあるラジカセ。Cカセのミュージックテープもまだ売っている。

いつも残念に思うのは、日本がアナログ系音楽メディアをさっさと捨ててしまったことだ。どのメーカーも他社と同じことをする。他社への対抗商品を必ず持つ。流行に乗り遅れると利益を逃してしまうのではないかと追随する。揚げ句、安売り消耗戦で体力をつかい果たし、過剰な生産設備を抱えて赤字に陥る。同じことを二〇年以上繰り返しているのが日本の家電業界だ。経営者が代わっても時代が変わっても……。

仮想敵への対抗手段をあらゆるレベルで備えておくというのは軍備の発想。ラジカセが巨大化してゆくプロセスなどは、まさに大艦巨砲主義に似ていると思う。まあ、それでも時代のムードが一生懸命だったから、正々堂々真正面からの機能・性能勝負で販売合戦の勝敗が決まったというのはせめてもの救いだ。

聞けば、松崎さんは店舗のインテリアやイベントの企画を行なうデザイナーだったそうな。世の中の先端を走っていた人が、なぜ一八〇度の方向転換をしてレトロなラジカセに価値を見いだしたのか……。

「反動だったんでしょうね。この仕事を自分で選んだのは四〇歳のときでした。もともとラジカセやレトロな家電が大好きで、自分が本当にやりたい仕事はひょっとしたらこっちなんじゃないか……と、いつも思ってました。五〇歳になったらできない。四〇歳が最後のチャンスじゃないか、と」

こういう話を熱く語るのではなく淡々と語る松崎さん。おそらくこの人は、悟りの境地にいる。

「デザイナーをやめて、古物商の免許を取って、この業界のことを知るためにあちこちでバイトをして、いまではなんとか中古ラジカセと部品の入手ルートを確保していますが、いつか新製品のラジカセをつくりたいですね。現在手に入る材料でイイ音のするラジカセを企画して、どこかに製造依頼して……」

それ、大賛成。少量生産技術が進歩したいまがチャンスにちがいない。いまならカセットメカの生産もまだ細々とつづいている。あと何年つづくか……。

「では、程度のいい小さめのラジカセが入荷したらご連絡しますね」

そんな会話を交わして松崎さんと別れた。帰りの車中では新製品ラジカセのことばかり

寿命尽きたテクニクス RS-646Dとわが家のポータブルCカセプレーヤーたち。SONY製品が圧倒的に多いが、修理不能機種ばかりなのが悩みだ。

考えていた。いや、夢はどんどん広がるんですよ。

「Cカセのメカは走行がしっかりしたディスクドライブがいい。そのあたりのノウハウを持っていたSONYは協力してくれるだろうか。チューナーはもちろんバリコン式がいいぞ。すべての回路をディスクリートで組んで、専用ICは使わない。2040年になってもトランジスタや抵抗は生産されているだろうから、そういう部品だけで仕上げよう。でも、iPodのコネクターは付けたいな。電池は性能のいいリチウムイオン系を何枚かスタックしてつかえばいい。昔は単一電池だったから筐体が大きかったんだよ。いまの二次電池技術をつかえば小さくできる。あ、FC（フューエルセル＝燃料電池）でもいいな。液体水素カートリッジで動くラジカセなんかスゴいぞ！　新旧技術のハイブリッド版にしよう」

などど想像を膨らませながら、カーステレオのない愛車の中ではSONYの小さなモノラルラジカセが元気に鳴っている。ここに1700番を置く日のことを考えると、やっぱり楽しくなる。

「大きめの1980でもいいかな。初期型か、あるいは短波の入るマーク5か、いや、1760でもいい。あの過渡期的なデザインは捨てがたいゾ……いやいや、ダメだ、せいぜい二台に絞ろう。際限なく買い集められる住環境じゃないんだから！」

ウキウキする自分を戒めながら、なぜか愛車は有楽町。ビッグカメラに寄って新製品のＰＤＡＰを物色しようとしてる私がいた。そんなにストックしてどうする？

おお永遠、汝、盤面のキズよ

アナログレコードが一気に廃れてしまった理由は、日本の家電および音響メーカーのおう盛な研究開発努力によるCDプレーヤーのコストダウンだろうか。それともレコード盤のサイズが日本の住宅事情に対して大き過ぎたためだろうか。いまでもアナログ盤をメインに聴いている私にとっては「CDだって厄介だぞ」という印象だが、たしかにレコード盤のキズに悩んできた我われにとって、CDはある意味で救世主と思われた。そう。レコード盤についた深いキズは治らない。しかもキズそのものが音になって聞こえてしまう。いや、CDだって……。

モーツァルトのレクィエム。略してモツレク。私が最初に買ったレコードはグラモフォン盤一九七一年録音のカール・ベーム指揮／ウィーンフィルだった。高校生の私はブリティッシュハードロックとプログレッシヴロックに心酔していたが、クラシックも大好きだった。モツレクはＮＨＫ・ＦＭでオンエアされたものをカセットテープに録音して聴い

レコード盤のスクラッチノイズを追い込み、デジタル音源として保存しよう……という、モーツァルト生誕250年の年の、私の行事。

ていたが、初めて聴いてから半年ほど経ってようやくレコードを買うことができた。大事なレコードなので、普段はカセットにコピーし聴いていた。

その大事なモツレクの冒頭部分、合唱が「キリエ」を歌い始める部分に深い傷をつけてしまったのは高校二年生の秋だった。いまでもよく覚えている。文化祭の準備で忙しかった時期、某サークルに頼まれた人形劇の効果音をオープンリールテープに編集しながらモツレクを聴いていた日に、愛用していたビクター製レコードプレーヤーの、ちょうどターンテーブルの真上にハサミを落としてしまったのだ。大枚をはたいたカートリッジは無事だったが、ハサミの直撃を受けたレコードの盤面には深い傷がついた。ショックだった。

「プツッ……ブツ……ブチッ!」と、レコードの音溝をカートリッジの針先が進むにつれてだんだん大きくなるスクラッチノイズ。しまいに針は音溝を飛び出しジャンプする。しかも二度、三度と。「キリエ」のコーラスはまるで音楽にならず、手短にスッ飛ばされる。

しかし、なぜか私は、この短縮盤キリエのモツレクを毎年聴いている。大学生のころに同じベーム／ウィーンフィル盤を買い、そちらは無傷で持っているのだが、秋が深まってくるころ、必ず「キズあり」盤をターンテーブルに載せたくなる。スクラッチノイズの「思い出」をなぞりたくなるのだ。特別に感傷的というほどでもないが、夏にはあまり聴こうとは思わないモツレクが恋しくなるのは秋が深まるころだ。

そう。気温が低くなるとオーディオ熱が出てくる。空気の密度が微妙に高くなるのを、ほんの少しだけ人間にも残っている野生が察知するのだろうか。「音が良くなる季節だよ！」と。そして、秋の学園祭シーズンになり、メディアがその模様を取り上げるような季節になると、条件反射のようにモツレクの「プツッ……ブチッ！」を聴く。それを合図に、夜な夜なのオーディオ作業時間がだんだん長くなる。

キズ盤モツレクを十一月の初旬に聴いた。いつものように針が飛ぶ。カートリッジを鋭利なショベル状のスタイラスチップを持ったライラ・ARGOから、シンプルな丸針のDENON・DL103に換え、水に浸したスポンジで音溝を掃除してやると、かなりマシになる。その昔、ラジオ局で緊急避難的に行なわれていたスクラッチ対策である。もともとがプロフェッショナルユースのDL103は、レコード盤へのコンディションへの対応がじつに幅広いところがいい。針圧は推奨値上限の二・八グラム。私はいつもこの針圧でつかうが、盤にも針先にもまったく問題ナシ。「ボチッ」という大きめのスクラッチノイズが出るものの、針飛びを一時的に押さえることができた。

同じく丸針で、ＤＬ１０３以上の重針圧仕様、オルトフォンＳＰＵクラシックに換えて四・五グラムの針圧をかけてやると、さらにキズの影響が減る。針先をグッと押さえ込む力技の勝利だ。ＳＰＵ系カートリッジにオルトフォンのＲＭ系ダイナミックバランス型トーンアームという組み合わせは、ほぼ半世紀前の技術だけで構成されたレトロなものだが、ちょっと緩めの再生音が何とも言えない。

ついでに、オーディオ評論家の江川三郎氏が提唱されている、レコード盤逆回転によるカートリッジ針先での「溝掘りクリーニング」を試みると、キリエのコーラスは完全に「通し」で聴くことができるようになった。毎年同じようなことをするのだが、しばらく経つとキズが蘇るから不思議だ。レコード盤の素材である塩化ビニルの弾力性はスゴい。プレスされて以降も生き物のように伸縮を繰り返し、同時に内部から析出する物質がある。重針圧の丸針で溝をなぞっても、キズの形が再生されてしまうのだろうか。

ことしのキズ盤モツレクは状態がイイ。こんな言い方をすること自体が奇妙なのだが、たしかにスクラッチノイズが少ない。で、この状態の音をｉＰｏｄのデジタルライブラリーに保存しておこうと考えた。毎年のように針飛び克服チャレンジを行ない、三年ほど前にはカセットテープへのコピーも一本追加したが、デジタル音源への変換はまだだった。ベーム／ウィーンフィルのモツレクは八〇年代末にＣＤを購入しているが、わざわざアナログ盤からＣＤ－Ｒを焼き、それを圧縮データにしてｉＰｏｄに収めるというのも、手間がかかるぶんだけ「音がいいのでは？」と勝手に思い込み、作業にとりかかった。

　ウィンドウズ・マシンだと、アナログ音源をそのままｉＰｏｄに書き込めるデータに変換してくれるソフトウェアを使えるが、残念ながら拙宅のＩＢＭにはインストールされていない。ウィンドウズ用ｉＰｏｄは入手したが、まだ箱に入ったままだ。相変わらずマッキントッシュ用だけをつかっている。まあ、アナログ盤からＣＤ‐Ｒにコピーしておけば、それをＣＤ代わりに聴くこともできるから、ｉＰｏｄへのストレージ作業は一石二鳥。むしろ私の興味は「ｉＰｏｄがレコードのスクラッチノイズをどう再生するか」だ。過去に何十枚もアナログ盤からのＣＤ‐ＲＯＭコピーをつくっているが、幸いにもモツレクほどダメージのある盤は皆無だった。果たしてモツレクのスクラッチノイズはどう再生されるのか……。

　カートリッジはオルトフォンＳＰＵクラシックだけをつかう。レコードプレーヤーは、ガラード３０１とオルトフォンのトーンアームというコンビ。レコードの音溝に仕込まれている「加工された音」を、ハイファイ再生に適したフォーマットに補正・増幅するためのフォノイコライザーは、アキュフェーズのプリアンプＣ‐２６０内蔵のものと、単独製品のＳＯＵＮＤ製ＰＥ７００に、ちょっと古いラックスマンのＥ０６αを用意した。ＣＤレコーダーはパイオニアの業務用ＲＰＤ‐５００。アナログ入力で記録する。焼き上がったＣＤ‐Ｒを読み込ませＡＡＣフォーマットに変換するコンピューターはマッキントッ

レコード盤を精製水とメラミンスポンジで掃除し、レコード針の先っぽも掃除し、いよいよ CD レコーダーにブランク CD を入れる。

シュｉＢｏｏｋ・Ｇ４。そこから第五世代ｉＰｏｄに詰め込む。

モツレクは片面を演奏するごとにスタイラスチップを掃除し、盤面も精製水とメラミンスポンジをつかってゴシゴシと掃除した。針先が音溝と接する数平方ミクロンで四・五グラムの針圧、つまり一平方センチあたり数トンもの圧力をかけてもレコード盤が痛まないのだから、台所用のメラミンスポンジでこするくらいはまったく心配ない。その昔はアツアツの「おしぼり」でゴシゴシやったものだ。表と裏を三回演奏し、途中で盤面クリーニングを二度行ない、フォノイコライザーごとに一枚ずつのＣＤ－Ｒが五時間後に焼き上がった。それをＣＤプレーヤーで各五回ずつ演奏（その間に自動車雑誌の連載原稿を書く！）し、レーザー光線が当たるピット（穴）を慣らした。それぞれ六回めの演奏でまずＣＤ試聴。そのあとでコンピューターに読み込ませｉＰｏｄに転送した。

さて試聴。まずは、焼いたＣＤ‐Ｒをそのまま聴いてみる。アキュフェーズＣ‐２６０内蔵のフォノイコライザーを通したモツレク。ポジションはＭＣ。カートリッジのインピーダンスとのマッチングは最適ではないのだが、冒頭のキズは大きめの「ブツッ」が一回。あとは「プツッ」くらいに収まっていて刺激的な音ではない。全体的に、アナログ盤で聴くときよりも音が少しだけ整理されているように聞こえる。二枚目はＳＯＵＮＤ製フォノイコをとおった音を聴く。もう生産終了したこのフォノイコは私のレファレンス機であり、音の素性はよく知っている。入力はＭＣの五〇オーム。アキュフェーズのプリアンプ内蔵フォノイコより、いくぶん冒頭のスクラッチノイズが優しい。微妙な差だが繰り返し比較試聴しているとわかる。うまくピークが抑えられている。

三枚目はラックスマンＥ０６αをとおった音。これまでの二枚とちがい、内蔵のＭＣトランスを通っているので、多分にトランスのキャラクターが乗っていると思われる。レンジが広くまろやか。スクラッチノイズの「ブツッ」はいちばんレベルが低く抑えられている。「ブツッ」のあとの「プツッ」は「フォツッ」という感じ。いちばん甲高い音で聞こえる最後の「プチッ」も耳に優しい。長年愛用してきた機材だが、いま聴いてもこれだけの音で鳴ってくれるのだから立派だ。しかし、モツレクの中にときおり表れる清々しいメロディーの部分は、個人的にはＳＯＵＮＤのＭＣポジションで聴くほうが好きだ。

三枚のＣＤ‐Ｒを聴き比べると、音楽信号にはそれぞれのフォノイコのキャラクターが

AC電源がキレイな夜中をねらってCD-Rを作成。午前1時に始めた作業は朝方まで続いた。晩秋からが私のオーディオハイシーズン。

反映されているように感じた。スクラッチノイズの差もわかる。ただし、人間の手作業による盤面クリーニングがうまくいったせいなのかもしれないし、再生したときの針先コンディションの微妙な差が含まれているとも考えられる。そういう部分は再現性がなく、だからオーディオ趣味は楽しい。

　つづいてｉＰｏｄに三枚のＣＤ‐Ｒの音源を移す。これが予想外というか、ＣＤ‐Ｒのままで聴くよりもスクラッチノイズの「活き」が悪い。しかも、三枚ともほとんど同じ音に聞こえる。これがデータ圧縮の宿命なのだろうか。私のオーディオの師匠たちが「ｉＰｏｄの音はイヤだ」という理由はこれなのかもしれない。たしかにデジタル臭が増している。アナログ盤をＣＤ‐Ｒに入れるまでは良かったのだが、ｉＰｏｄに押し込んだとたんに「間引きされたようなスクラッチノイズ」になった。

　やはりアナログ盤はカセットテープに録音して聴くほうがいい。ｉＰｏｄの楽曲収容能力は魅力だが、きちんとセッティングしたオーディオシステムでの再生には完全に役不足。新幹線や飛行機での移動時にインイヤー型ヘッドフォンで楽しむ程度でも、できれば良くできたポータブルCDプレーヤーとかカセットウォークマンのDD（ディスクドライブ）機をつかいたい。正直言って、再生音にかぎって言えば、iPodは役不足だ。iPodが大好きで毎日つかっている私も、月に何度かは「なんだ！　この音！」と感じる。

それでも、CDを何十枚も持ち歩くことを思えば、音質だけでiPodを忌み嫌うのも早計だ。適材適所でつかいこなせばいい。二週間程度の海外出張でも、iPodが二台あれば音楽プログラムに飽きることもない。CDやカセットでは不可能だ。

今回の実験では、意外なところにiPodの弱点を見付けてしまった気がする。スクラッチノイズの質は、再生装置の質を素直に反映する。これはつまり、あらためてフォノイコライザーによってアナログ盤の「音色」と「音質」が変わるのだということを確認したことであり、デジタル機材からアナログの奥深さを再認識するという、アナログファンにとってはうれしい出来事だった。しかも、レコード盤でのチェックではなく、アナログよりもはるかに変動要素が少ないCD‐R状態での確認だから、一度二度と確認できた。スクラッチノイズの音色は見事に変わる。

これで、スタイラスチップ（針先）の形状が変わればレコードの音溝との接触も変わるから、カートリッジとフォノイコの組み合わせで「ほとんど気にならないスクラッチノイズ」を演出することも可能だろうと推測する。私にも多少の経験はあるが、もしかしたらほぼ完全にノイズを可聴帯域の外に追い出せるのかも……そんな夢を見ることができるのもアナログの良さだ。

レコード棚を探していたら、べつのモツレクが出てきた。ヘルマン・シェルヘン指揮のウィーン国立歌劇場管弦楽団ものだ。一九五八年の録音（私の生まれた年です）ということだけで購入した輸入盤だったが、音がいいのに面食らったという思い出がある。一時期は「生まれ年録音」にハマり、ジャズもクラシックも買いあさった。当時の録音は、よけいな処理をしていないことが幸いしたのだろうか。ジャズも六〇年あたりまでの録音はスゴいものが多い。とくにモノラル盤。テナーサックスのブ厚さなどは鳥肌が立つ。

そういえば、シェルヘンのモツレクを購入したのは銀座のコリドー街にあった「ハルモニア」という輸入盤店だったっけ。私はヤマハ銀座店でアルバイトしていたにもかかわらず、その店をよく訪れた。ハルモニアは一風変わったお客さんが多かったように記憶している。いや、ヤマハにも変わったお客さんがけっこういた。

思い出すのは「スヌーピー連れおばさん」とか「指揮するおじさん」とか、こう書いただけで読者のみなさんの想像をふくらませてしまいそうな方々である。モツレクに刻まれたキズのごとく、いまでも鮮明に記憶している。ミュージシャンのみなさんもよく来店された。「キミ、ボクに似ているね」と笑顔でサインしてくださったジャズ・トランペッターの日野皓正さん。そのときの印象は、モツレクのキズ以上だ。

階上のヤマハホールで指慣らしをして、アッと言う間にピアノの調律を狂わせてしまった超絶フィンガーパワーのピアニスト、マルタ・アルゲリッチさん……ミュージシャン以外で来店をハッキリ覚えているのは、若き日の田中康夫前長野県知事。『なんとなく、クリスタル』を執筆されたころで、たしか近所でＤＪをされていて、よく新譜の試聴をしに来店された。

八〇年代前半のあのころは、オトナのお客さんが多かったように思う。銀座という立地もあったが、クラシックやジャズのレコードを買いにいらっしゃる方が多かった。近所に銀巴里があったせいか、シャンソンのレコードもそれなりに売れていた。オトナのみなさんが音楽を楽しんでいたように思う。Ｊポップなどというジャンル名はなく「ニューミュージック」。しかし、売り上げ枚数は洋楽ポップスのほうが多かったと記憶している。

二枚目のアナログ盤モツレクは、アルバイト時代にヤマハ銀座店で購入したものだ。ストック用にしていて、滅多に聴かない。普段はＣＤを聴くかキズ盤を聴く。で、ベーム／ウィーン・フィルのモツレクＣＤを、ひさびさに訪れたヤマハ銀座店で見付け、もう一枚購入した。ジャケットが変わり、しかも、オリジナルのマスターテープをサンプリングレート／ビットレートともに上げてリマスタリングした盤だという。こういうアップデートが地道に行なわれるから、同じ収録のＣＤを何枚も買うハメになる。ついでにアーノンクールのモーツァルト交響曲七枚組も購入。手持ちのＣＤとダブっている曲が大半だが、ＣＤ

は消耗品なので買っておく。

ＣＤはキズがつきにくい……それはウソだ。先日、某海外自動車メーカーの日本法人から試乗レポート執筆のために一週間ほど借りていたデモカーで、とても悔しい思いをした。インダッシュ型、つまり自動車の運転席パネルに仕込まれたタイプの六連奏ＣＤチェンジャーだった。ＣＤを六枚差し込んで聴いていたのだが、取り出してビックリ。信号記録面に渦巻き状のこすりキズがついていた。しかも六枚中四枚。その四枚は、レッドツェッペリンとキングクリムゾンのリマスターＣＤだった。部分的にキズが深く、ＣＤキズ修復キットでも治らなかった。ショック！

アナログ盤のキズはスクラッチノイズになるが、ＣＤについた深いキズは信号読み取り不可能になる。ＣＤプレーヤーのピックアップがそのキズの部分で行ったり来たり。延々とループを演奏することもある。ＣＤのキズは精製水とメラミンスポンジで和らぐというものではない。

それと、ｉＰｏｄも永遠の機械ではないという事実。私が二台目に購入した第二世代の二〇ギガ・モデルは最近、ときたま高域のノイズが耳に障る。三世代目と五世代目には、そういう症状はまだ出ていない。自分でバッテリーを交換したのは一年半前で、そのときは音に異常はなかったのだが、十一月の北京からの帰路、飛行機の機内で初めて気付いた。そろそろ限界なのだろうか。

もし、ｉＰｏｄのようなＨＤ（ハードディスク）型のＤＡＰ（デジタルオーディオプレイヤー）でＨＤそのものにキズがついたら、機械そのものを使えなくなる。私はマッキントッシュのラップトップコンピューターで二度、そんな経験をした。一か所についたキズでレコード盤全体が聴取不能になることはないが、ＣＤとＨＤではそれが起こり得るのだ。もちろん、メモリー型のＤＡＰでも電気的ショックで再生不能になることがある。

そう思うと、レコード盤の上にうっかりハサミを落としてしまっても素人レベルの工夫で再生が可能になるアナログ盤レコードはスゴい。ＣＤじゃそうはいかない。「最後まで残る人類の記録は石版と墓石」だ。そう、物理的に刻まれた文字や絵柄は残る。デジタル信号なんざぁ不安定。やっぱ「音溝」だよ。「だからレコード盤のあつかいには注意しましょう」という、あ……これは一種のループだ。投げたボールは地球を一周し、投げた本人の頭にうしろからぶつかる。

フォー・シーズンズ＝四機

巻では「日本のオーディオ界が元気になった」と言われている。「かつてのブランドがオーディオに戻ってきた」と。『普及価格帯製品』『ミニコンポ』『ホームシアター関連』の三種目だけになってしまった家電量販店のオーディオ売り場にも、そこそこ値の張る国内ブランドの単品コンポが帰ってきた。とくにスピーカーが目立つ。アップル「ｉＰｏｄ」のようなポータブルデジタルオーディオプレーヤー（ＰＤＡＰ）は、オーディオ売り場というよりコンピューター売り場の人気者だ。そう、オーディオ売り場ならスピーカーが主役でなければつまらない。

長年愛用してきたＪＢＬ４４２５の調子が悪くなった。左チャンネル側の音がおかしい。中高域を受け持つバイラジアルホーンからの音が、とぎれとぎれになる。そのまま聴いていると、ホーンからの音が完全に出なくなったりする。十五年以上も使っているのだから、そろそろボロが出てきてもおかしくない。

輸入元であるハーマンインターナショナルのホームページの「お問い合わせ」から、この症状をメールし、「おそらくネットワークだと思いますが、修理費用はどれくらいになりますか？」と尋ねた。ある日の夜中だった。

すると、翌日の午前中にさっそく返事が届いた。「長年のご愛顧　誠にありがとうございます」から始まる文面には、まず「アッテネーターの調子はいかがでしょうか？」と記述があり、不具合か所がアッテネーターだった場合の部品代金、自分で交換する場合の作業手順などが詳しく書かれていた。「まずはこの部分が疑われます」という告知とともに、「出張修理をご希望の場合は」との案内もあった。こういうメールには感激する。たとえマニュアル化されている文面であったとしても、自社で取り扱う商品のアフターケアを単なる「義務」として行なうのではなく、ユーザーの音楽ライフをサポートするという心意気が感じられるではないか。

ＪＢＬは歴史あるブランドだ。一九四六年の設立というから、すでに満六〇周年を迎えている。４４２５は八五年の発売であり、わが家へやって来てからも十数年が経つ。それでも、立派に実用に耐えている。当然、毎日聴いていれば耳が慣れてしまうから、オーナー自身では聴き取れなくなっている経年変化はあるだろうが、手持ちの機材の「いま」の音には、これといって不満はない。三〇センチ・ウーファーとバイラジアルホーンの組み合わせが、ルックス的にも気に入っている。

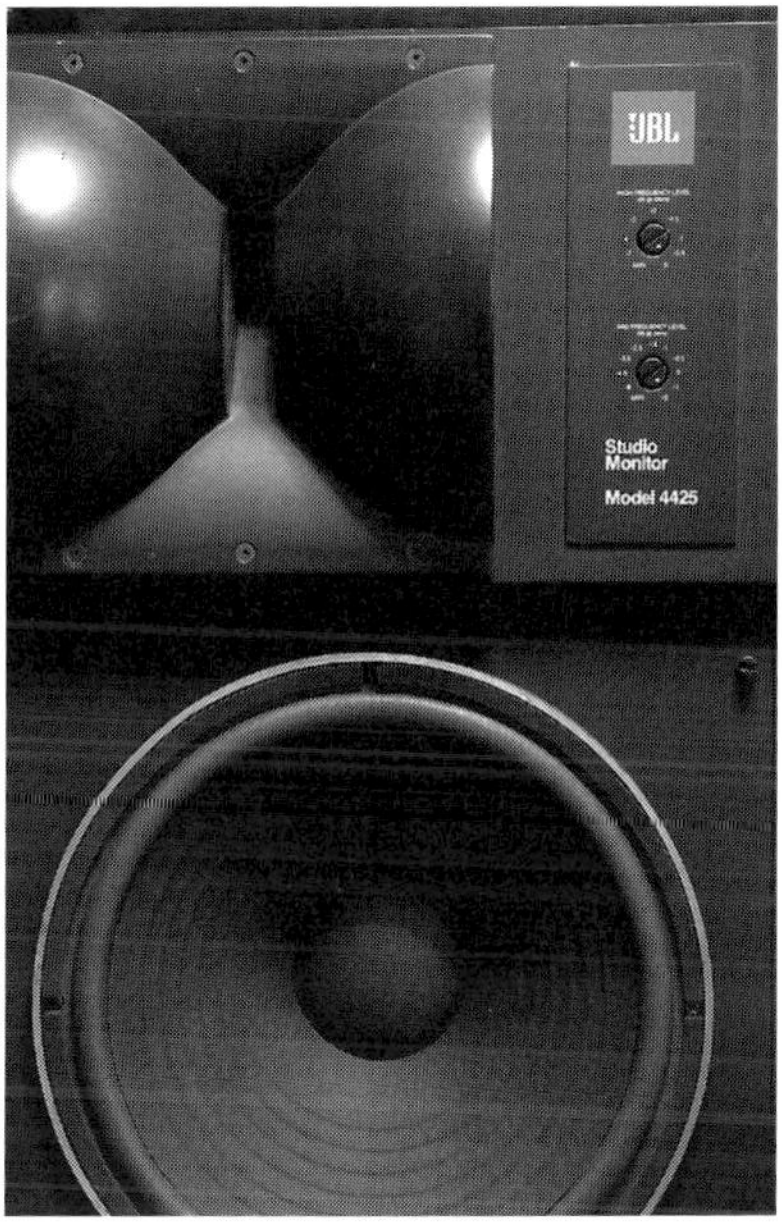

愛機 4425 はすでに 20 年前の製品。あちこちボロが出てもおかしくない。いままで問題なく鳴っていたのが立派としか言いようがない。

青年時代の私にとってＪＢＬは憧れのブランドだった。いまでも絶大な信頼と尊敬を寄せている。よくオーディオ機器の購入で相談してくる友人たちにも「迷ったらＪＢＬだよ」と薦めている。継続する価値観で製品づくりを行なってくれているメーカーだ。私の仕事部屋がもっと広ければ往年の４３５０でも置きたいのだが、ただでさえ狭い部屋にスピーカーを五組も置いている、つまり浮気性と優柔不断で一組に絞り切れない私の性格では、４３５０を部屋にお招きすることはできないだろう。

でも、待てよ……４４２８なら４４２５の代わりに置けるじゃないか！　そう思ったとたんに物欲がもりもりと湧きあがり、気が付けば私は地下鉄に乗っていた。めざすは某オーディオ店。気になっている国内ブランドの新作も見てみたい。

あった、ＪＢＬ４４２８。ひさびさのご対面だ。初対面は一年半ほど前だった。そういえば、この二年ほどはあれこれと忙しく、オーディオショップまわりのペースがガクッと落ちている。ヒマができても、出掛ける先はｉＰｏｄ売り場ばかりだったな……。

お目当ての４４２８は、４４２５Ｍｋ２の後継モデルだけあってサイズは筆者愛用の４４２５とほぼ同じ。４４２５は拙宅機材の実測値で底面が四〇六×三一一ミリ（サランネット含む）、高さは六三四ミリ。４４２８はカタログ標記で四〇〇×三三八×六三五ミリ。これならわが家にお迎えすることができる。以前、たっぷりと試聴させて戴いたので、音の傾向はわかっていた。問題は、わが家のシステムに組み込んだときの音だ。どういう方向に煮詰められるか……。

筆者の印象では、ＪＢＬのスタジオモニターはけして「ジャズ一辺倒」ではない。クラシックも十分に楽しめるし昔の歌謡曲もグッとくる音色で聴くことができる。それは「クラシック向き」と言われているタンノイも同じで、ストックしてあるタンノイ・アーデンで聴くジャズもいい雰囲気を出してくれる。

ちなみに、わが家の４４２５は某ジャズ喫茶の音に近づけようと思ってセッティングを煮詰めた。ＪＢＬ４３４４にコントロールアンプはアキュフェーズ、パワーアンプはマークレヴィンソン、アナログプレーヤーはシュアーのカートリッジとヤマハＧＴ２０００……となれば、ジャズ喫茶ファンの方には「あそこかな？」と特定されてしまいそうだが、私の仕事部屋は、よく通ったその店のダウンサイジング・システムを気取っている。

「４４２８はコストパフォーマンス抜群ですよ」

音出しをしてもらうと、とたんに家へ連れて帰りたくなる。４４２５Ｍｋ２までの２ウェイから3ウェイになり、聴感上のレンジは上と下に広がった。まさにワイドレンジである。音の出方は、左右の広がり感だけでなく奥行きが深くなった。クラシックの室内楽を聴くと、楽器の位置関係や収録スタジオの天井の高さまで再現されているかのような聴こえ方だ。４４２５のバイラジアルホーンは、音がほとばしるような気持ち良さ、発散系の快感が身上だが、４４２８は発散系というよりも感情をやや抑えて正確さや凝縮度まで聴かせるような気がする。

お値段はペアで税抜き四七万円なり。けして安くはないが、その内容には十分すぎるほどの満足度がある。いや、ほかの機種も聴いてみないと……気になっているのはオンキョーのＤ‐９０８Ｅ。奇しくも、オンキョーというメーカーもＪＢＬ同様に一九四六年の創立。前身は大阪電気音響社、だからオンキョー。Ｄ‐９０８Ｅは白い逆ドーム型の一六センチウーファーと四センチのリング型ツィーターという組み合わせ。箱の高さは一〇四〇ミリというトールボーイ方式である。

朝露をたたえた葉のような、凛としてみずみずしく、しかし陰影も奏でる音色。これで聴くピアノソロにはまいった。正しい日本語ではないが「ヤバい！」というヤツだ。ＪＢＬとはまた違った主張を持っている。底面の投影面は樽型で、カタログ標記の寸法は三二二×三八〇ミリ。奥行き方向に大きい。うん、これもわが家にお迎えできるサイズだ。なおさらヤバい。

もうひとつ、気になっていたスピーカーは、新進気鋭のＴＡＯＣから発売されたＦＣ４０００。このメーカー、アイシン高丘は、その社名から想像できるように、世界的な自動車部品の大手メーカーであるアイシン精機の子会社である。自動車に使われる鋳鉄やアルミの鋳物を得意とするメーカーであり、オーディオマニアにはハイカーボン鋳鉄をつかったインシュレーターやラックがお馴染。そこが一九九九年にスピーカーを発売したときには驚いた。

ＦＣ４０００は、オンキョーのＤ－９０８Ｅに似たトールボーイタイプ。底面はハイカーボン鋳鉄の鋳物ブロックをまるごとつかった重量級制振ベースを兼ね、カタログ寸法二八〇×三七〇ミリ。これも奥行きのほうが長い。高さは一〇六四ミリ。オンキョーＤ－９０８Ｅの重量二一・八キログラムに対し、ＦＣ４０００は三七キログラム。この質量の差は鋳鉄ベースだろう。箱の剛性も高そうだ。

スピーカーユニットは外部調達品だ。スキャンピーク製一八センチウーファーとディナウディオ製二・八センチツィーターという組み合わせ。箱の剛性のせいだろうか、どこまでもユニットから出る音で攻めてくるようなスピード感あふれる音だ。他社製ユニットをつかっても、音の仕込みはあくまでＴＡＯＣ。そういう主張がある。新しい録音のビッグバンド・ジャズなどはズバリとハマる。かと思えば、シューベルトの歌曲はクールな伴奏ピアノとしっかりした人間の肉声とが微妙な温度感で混ざり合う。これもヤバい！

オンキョーのＤ‐９０８Ｅがペアで税抜き二八万円。ＴＡＯＣのＦＣ４０００は同四八万円。聴かせてくれた音は、値段の差ではなかった。めざす音楽再生へのプロセスの違いであり、素材選びと箱の設計の違いである。もちろん、製品企画段階ではコストターゲットが示され、厳密に管理される。企業である以上は利益をあげなくてはならないから、コストは「積み上げ」だけでなく「削減」も必要になる。しかし、たとえ「削減」されているのだとしても、それが「言い訳」になっていないと感じられる音づくりがいい。

ああ、ますます迷ってきた。４４２５を修理してつかい続けるのなら、それがいちばん安上がりだ。しかし、日本企業が世に問う「旬」の味は恐ろしく美味だ。ＪＢＬのいちばん新しい音は、それより少し濃厚な味がいい。腕のいいシェフが三人いて、「さあ、どうぞ」と料理を差し出して来た。こういうシチュエーションは本当にまいる。

スピーカー選びと言えば、ちょっと前の私は小口径フルレンジの音にまいっていた。20頁に書いた、私の「ドライビング＝クルマの運転」の師匠である国政さんの自作スピーカー『やまぶき』と、元オンキョーのエンジニアだった由井啓之氏が独立して設立したタイムドメインの『ヨシイ９』だった。その後、幸いにもこの二台の音に触れていないので、熱は沈静化している。しかし、本気でスピーカーを選ぼうと考え始めると、あの二台がふたたび気になる。

嬉しい。スピーカー選びで迷えるなんて。しかもＪＢＬやＢ＆Ｗといった海外ブランドだけじゃなく国産ブランドが絡んでいる。オンキョーは老舗、ＴＡＯＣは新規参入だがヤル気満々。「他社がこういう製品を持っているから、わが社も対抗しなければ」という動機ではない。たとえそうであっても、対抗する手段にはそれぞれの会社のオリジナリティがあふれている。

毎日のように「ＪＢＬだったらアンプはこれかな」とか「オンキョーのスピーカーとオンキョーのデジタルプリメインアンプを組み合わせたらどんな音になるんだろう」などと嬉しい想像をしながら、私は本業である「自動車」の仕事を続ける毎日。いまだ結論出せず、だ。

そんなこんなの日々を送っているなか、マツダの評論家向け試乗会に出掛けた。お題は多目的につかえるスポーティカーといった感じの「ＣＸ‐７」。発表資料を見て気になっていたクルマだ。マツダという会社は「走りの質感」や「自動車としてあるべき基本」を真面目につくり込んでいる。製品をとおしてエンジニアの素顔が見えるようなところが好きだ。予想したとおり、ＣＸ‐７もいい出来だった。ちょっと「惜しい！」と思うところもあるが、初対面で運転していて「買ってもいいな」と思うクルマは少ない。オーディオ選びよりも冷静になれる。

ＣＸ‐７を運転しながら「ああ、主張のある製品って、やっぱりイイなぁ」と、日本のオーディオ製品に思いを馳せた。製品コンセプトが見える、どうしてそのようなコンセプ

これがマツダ CX-7 のサイドビュー。チーフデザイナー小泉巌氏の感覚が冴える。いままでに見たことのないプロポーションだ。

トになったのかの説明に納得できる。そんな製品に出会うと、オーディオだろうがクルマだろうが無性にひきつけられるのだ。

CX-7は、アメリカ向けに開発されたクルマだ。アメリカでは「クロスオーバー」と呼ばれるジャンルが流行っている。その名のとおり、複数の商品ジャンルの個性を交差（クロスオーバー）させた新ジャンルだ。マツダCX-7は、スポーツカーとSUV（スポーツ・ユーティリティ・ビークル＝多目的につかえる大きなユーティリティを持ちながらも、カジュアルで商業車っぽくないデザインでまとめられたクルマ。新聞ではよく多目的レジャー車などと和訳している）のクロスオーバーだ。

ドアは荷室も含めると五枚。床の地上高は、ふつうのセダンより高め。しかし、フロントガラスは思い切り傾斜していて、空気の層を切り裂きながら走るイメージ。ドアを開けて運転席に乗り込むと、ややタイトに包まれる感じがスポーツカーっぽい。高めの床なのに、運転姿勢はＳＵＶのようにアップライトに上体を起こしたようにはならず、着座位置は低い。ペダル類、ハンドル、メーター類などもその姿勢に合わせてある。ほかにもこういう室内空間と運転姿勢を組み合わせたクルマはあるが、ＣＸ‐７だと、取って付けたような違和感がない。

走り出すと、クルマ全体のリズム感が見えてくる。郊外の道をゆっくりと流していても、しっかりつくられたボディやキレイに動く足の感触が心地よい。外観から想像し、乗り込んだときに思い描いた期待感に、走りのムードが重なる。ほかのクルマを蹴散らしながら強引に前へ出るような粗暴さはない。スマートでカジュアル。しかし、踏ん張ってほしいところは踏ん張る。そのうえで、限界点を十分に手前から優しく教えてくれる。いきなり発散……にはならない。

走りながらＣＤを聴いた。バッハの無伴奏チェロ組曲やドビュッシーのピアノ曲が似合う。カーオーディオはボディの出来で音が変わるが、プラスチックと鉄板によるエンクロージャー（箱）であっても、チューニングが巧ければ音はいい。ＣＸ‐７のオーディオは十分に満足できる。一部の層が好むようなドンシャリではない。

驚いたのは、日本国内での販売目標台数だ。月間三八〇台。五〇〇〇台を売っても利益を出すのが難しいという車種があるいっぽうで、三八〇台でも「ちゃんと利益は出せる」というＣＸ‐７がある。もっとも、アメリカではその数倍を売るのだから、全世界では相当な月販台数になり、利益も全世界で考えているわけだが、わざわざ日本仕様をつくるコストを考えれば、日本市場を切って捨ててもおかしくはない。しかし、マツダはあえて三八〇台を売る決断をくだした。

聞けば、全国のマツダ販売会社のトップが「毎月の販売目標を押し付けてこないのなら、こういうクルマを売ってみたい」とリクエストしてきたという。早い話が「ノルマがなければね」である。それをマツダはＯＫした。前代未聞のノルマなし販売である。豊作貧乏といわれる日本の自動車販売業界にあって、これは珍しい。

豊作貧乏といえば、かつて日本のオーディオ機器業界がそうだった。つぎつぎと新製品が投入され、体力勝負の物量投入で機材は「これでもか！」と重くなり、原価が上昇した。工場の稼働率維持のためだけに生産しているのではないかとさえ思えた。最近ではプラズマや液晶をつかった薄型テレビがそうだ。生産技術が浪費され、エンジニアのアイディアが安売りされている。最後に残るのは過剰な生産設備だけ。

自動車も似たようなものだ。日本の自動車メーカーの多くはアメリカ市場に利益を求め、日本国内では面子だけをかけたようなシェア争い。自動車メーカーが言う「コストダウン努力」は、その半分が下請け部品メーカーの努力と犠牲。夢のある商品であるはずのオーディオやクルマが、つくり手の現場側では夢も希望もない工業製品……。

「だからブランド力が必要なのだ」「ブランド力があれば利益率はアップする」と、かつてダイムラーベンツ社の社長だったユルゲン・シュレンプ氏は言い切り、メルセデスベンツのブランド力を発揮するためのサブ・ブランド大量生産をねらってクライスラーと合併した。しかしダイムラークライスラーとなってからというもの、メルセデスベンツ部門とクライスラー部門がそろって黒字を計上したのは九年間のうち四年間だけだった。まさに皮肉である。

くらべてみれば、私が気になっている国産スピーカーはじつに興味深い背景を持っている。オンキョーは老舗であり、かつてはヒット商品を持ち、わが世の春を謳歌した。TAOCは老舗に戦いを挑んだ若武者。タイムドメインは大企業にいては自分が理想と思う製品は出来ないと悟ったエンジニアが興した会社。そして『やまぶき』は、オーディオを愛する個人が自分のためにつくったスピーカー。それぞれの背景の違いは明確だ。製品コンセプトもそれぞれであり、コンセプトの違いも明確だ。

その四つの製品を、購入対象として差別なく比較できるという点がとても嬉しい。老舗がふたたび力をいれる製品と、新進気鋭の企業が世に問う製品と、エンジニアの理想を具現化した製品と、マニアの自作品。共通しているのは「志」であり、情熱。だから、圧倒的なネームバリューと実績と技術力を誇るJBLとくらべられる。

あ……そういえば、と、私は「四季」を思い出した。フォー・シーズンズである。『ヨシイ9』の、独特のほんわりした音は春。『やまぶき』のあっけらかんとした陽気さは夏。

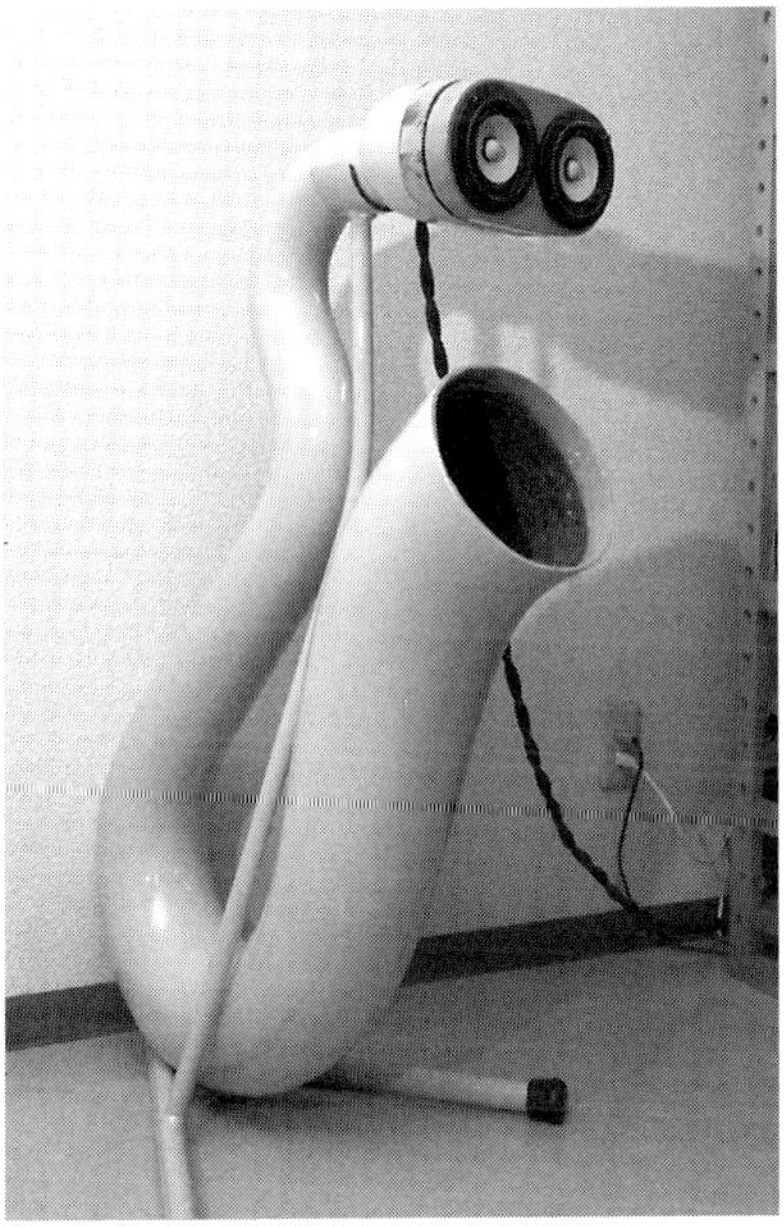

国政氏製作の『やまぶき』は、とても個人の昨とは思えない出来だ。こういうガレージメーカーが日本にも出てきてほしいと思う。

Ｄ－９０８Ｅの微妙な再現力は、色彩豊かな秋。ＦＣ４０００のストレートで厳しさをたたえた音は冬。だから選べないんだろうな、と。四季ではなく「四機」。それぞれの持ち味がいい。

あ……、だからＪＢＬは、どんな季節でも自分流に楽しんでしまおうという「濃い」遊び方。季節感など関係ないスタジオモニターの系譜……なのかな？「迷ったらＪＢＬ」とは私が友人たちに吐いている言葉だが、もしかしたら名言かも。

ＣＸ－７試乗で満足した私は、その帰り道に某中古オーディオショップへと寄り道。そこで、またまたよからぬモノを見てしまった。

中古のＪＢＬ４３４４Ｍｋ２である。三八センチの大口径ウーファーが勇ましい。カタログ標記の寸法は、底面が六三五×四三五ミリだ。いまどきの大型スピーカーにくらべれば奥行きが浅い。高さは一〇五一ミリある。重量七六キログラム。デカい！

「待てよ、奥行きは４４２５にプラス一〇センチだろ。スピーカースタンドはそのままつかえるぞ。本棚とアンプ棚を整理すればスペースができるんじゃないか？　これでアナログ盤のジャズを聴いたら……」

さっきまで「四機」などとこじつけていたのに、クルマで一時間走っただけで、もう浮気かい？

部屋の隅っこに積んであるタンノイ・アーデンはどうする？「これはスゴイ！」と感激したピエガだって半年で飽きたじゃないか……私の頭の中で、もうひとりの私がブツブツ文句を言っている。現実の私は、部屋の配置替えシミュレーションをしている。アレをあそこに移動して、こっちのアレを向こう側に持って行って……待てよ、レコード棚はどうしようか。ああ、やっぱりダメだ！　どうやっても何かがあぶれちゃう！

部屋が狭いということは、衝動買いを思いとどまらせる最高の消火剤である。

ステレオ・バイ・スターライト

二四年も乗っている古いボルボ240のカーステレオが復活した。もちろんカセットデッキである。スピーカーはフルレンジ。しかし、これがなかなかいいムードで鳴ってくれるのだ。もう一台の愛車、マツダRX-8にも、二一世紀を迎えてもわざわざオーダーしたカセットデッキが搭載されている。ボルボには小型ラジカセもしくは電池駆動のアンプ内蔵小型スピーカーを載せていたが、カセットアダプターをつかって初めて『iPod』をつないだ。のんびり走るにはちょうどいい音で、ボルボのスピーカーがうたいはじめた。

フィリップス・フォーマットのコンパクトカセットテープ、いわゆる「Cカセ」時代のカーステレオは、いま思い出してもエキサイティングだった。パイオニアが世界で初めてカーコンポ「ロンサムカーボーイ」を発売したのは、たしか私が高校生のころだったと思う。昭和五十年代初頭である。夜な夜なFM放送のエアチュック(番組録音)で新譜レコードの音源を集めていたころだ。その後、社会人になって自分のクルマを持てるようになってからは、カーコンポを取っ替え引っ替え試した。

なかでも、ナカミチの「ダブルシャフト」、二つの同軸操作ノブが付いたＴＤ－１２００は大のお気に入りだったが、引っ越しのどさくさに紛れてサウンドストリームＴＣ－３０８やアルパインのデッキとともにどこかへ消えてしまったことが、いまでも悔やまれる。私の二〇歳代後半から三〇代半ばまでをともに過ごしてくれたカーコンポのカセットデッキ類は、残念ながら手元に残っていない。メインソースがＣＤになってからは、どちらかと言えば私はカーＤＡＴへ傾注した。そう、車載用のＤＡＴデッキがあったのですよ。

カーオーディオを語るとき、私には忘れられない出来事がいくつかある。カセットデッキと一枚がけＣＤプレーヤーが全盛だった一九八〇年代半ばに、私は、某家電メーカーの開発プロトタイプ・モニターをしていた。すでに守秘義務はないが、メーカー名は伏せておく。その関係から、私の愛車のカーオディオはほぼ三ヵ月おきに変わった。メーカーのラボで取り付けを行なってもらい、使用の感想をレポートとして提出していた。次世代商品の開発現場とかかわりを持ったことで私自身のカーオーディオに対する考え方が変化し、経験と年月を経ながら最終的な結論に達したという意味で、この話を避けて通れない。

私のカーオーディオ機器テストは、普段どおりに走りながらＣカセやＣＤを入れ替えて音楽を聴くという、じつに「普通」のものだった。オーディオ誌のようにクルマを停めて聴くのではなく走行騒音の中で「音楽を楽しめるかどうか」が、まずはポイント。クルマの運転をしながら「操作」し、音を「聴く」のがカーオーディオ。つまり完全な「ながら」聴きである。しかし、いい音で聴きたい。「音」は機能で補える。そう考えていた。

当時はドイツ工業規格（DIN）の、いわゆるワンDINサイズ＝幅一八〇×高さ五〇ミリが自動車メーカー純正装着カーオーディオの「標準サイズ」として認知されたころで、この小さな面積の中にさまざまな機能を詰め込むため、ひとつひとつのプッシュスイッチやロータリースイッチがどんどん小さくなり、しかも複数機能をこなすという操作系が主流になりつつあった。グラフィックイコライザーとスペクトルアナライザーを兼ねる正面パネルが開き、その中にテープを入れるなどというスタイルが出始めたころだった。私も若かった（笑）から多機能化は大歓迎であり、よくレポートに「ファンクションスイッチ（機能切り替え）を三段にすれば、こういう機能も入りますよ」などと書いていた。

ところが、あるドイツ車のカーオーディオを知ったことで、その考えが変わってしまった。何の変哲もない純正ワンDINサイズの機材だったが、機能はなるべくシンプルに、しかも、操作パネルは完全なブラインドタッチができるよう、操作パネルやボタン類のデザインと凹凸が工夫されていた。音はそこそこだったが、音楽の屋台骨となる帯域はちゃんと再生されていて、耳障りな音がまったく出ない。やや物足りない音なのだが、走っているうちにそれを忘れられる。ラジオのプリセットボタンを押す操作も、Cカセの操作も視線をフロントガラスの向こうからそらすことなくできる。音からも操作性からも、まったくストレスを受けない。

目からウロコとは、まさにそのときの感覚であり、私のカーオーディオ観は一変した。そう、オーディオが主体となる「ながら運転」ではなく、あくまでクルマを運転することを主体にした「ながら聴き」。この大前提で音が決められ、カーオーディオ機器の機能と操作性が決められ、その枠から絶対にはみ出さない。考えるまでもなく当たり前のことなのだが、カーオーディオメーカーが忘れてしまう部分でもある。

もうひとつ衝撃的だったのは、某オーディオメーカーが開発していた音場定位システムである。いわゆるＤＳＰ＝デジタル・シグナル・プロセッシングを利用するのだが、「コンサートホール」「ライヴハウス」といったプリセットの音場を再現するものではなく、運転している自分自身が「壁のない空間」にポツンと座っているかのような音空間を実現するシステムだった。メインのスピーカーのほかにサラウンドスピーカーがいくつか取り付けられていて、サブウーファーがトランク内に置かれていた。

運転している私の耳に、音が右からも左からも均等に耳に届く。残響音はクルマの天井よりもはるかに高い位置から聞こえてくる。ステージライヴ音源では、観客の拍手が私の周囲に定位し、フロントガラスのはるか遠くにステージがある。ギターのチューニングをするミュージシャンの手の動きだとか、バスドラムとハイハットで刻まれるリズムにエレクトリックベースが乗ってくる瞬間のユニゾンとか、とにかくリアリティの塊であり、多少は美化された記憶だとは思うが、ものすごいシステムだった。

ところが、運転に集中できない。細部に聞き入ってしまうという点もあるが、運転している自分がクルマの中心線上にいるような錯覚にとらわれるのだ。右ハンドルのクルマだと、運転席ドアのさらに右側にも「室内」があるかのように錯覚する。とくに、ヘッドライトに照らされた正面の道路だけを見て走る夜間のハイウェイ走行では、ちゃんと左側通行をしているのに、何となくセンターラインをまたいで走っているのではないかと感じてしまう。

結局、そのオーディオメーカーでは、あまりにもリアルな「脱車室空間型」の音場だとドライバーの車幅感覚が危うくなるという結論に達し、そのシステムの市販版はかなりスペックダウンされた。私もそうすることに賛成だった。運転しながらの「ながら聴き」にはそれでいい。

この試作システムを経験したことで、私は「どちら側かのスピーカーに近寄って聴いている」という、車内特有の条件を許せるようになった。ホームオーディオで追求されるようなリアリティの追求はほどほどでいい。「ながら聴き」の一線を超えてはいけない。そう思うようになった。いまでもこの考え方は変わらない。

クルマの運転に支障をきたさない音像定位とは、ドライバーの着座位置を明確に認識させることだ。そう思った私は、ダッシュボード上の車体中心線上に中高音域用スピーカーユニットを置き、フロントガラスに反射する音で「ここが真ん中である」ことを強調するようなセッティングを、自分の愛車で試してみた。ダッシュボードに穴をあけるわけにはゆかなかったので、電池駆動の小型ポータブルスピーカーを分解し、その中に小さなユニットを埋め込んでマジックテープで固定したり、自分なりに車室内での音像定位をあれこれ試してみた。

当然、カーオーディオメーカーも車室内の音像定位についていろいろと研究していた。当時は四ドアセダンが全盛であり、リアシート後方には平たいスペースがあった。ここに箱形スピーカーを置くという方法が八〇年代半ばまでの常識だったが、カーオーディオメーカーが「前方定位」を提唱し、フロント用のスピーカーユニットが変化を見せはじめたのは、このころだった。私が手仕事で自分の愛車のカーオーディオをいじりたおしていたとき、SONYから薄型のリボントゥイーター・ユニットが発売され、一発で惚れてしまったのを覚えている。両面粘着テープで仮止めして、実際に走行中に音楽を聴きながらセッティングを追い込むと、なかなかいい音になった。

うまい解決策を見付けた自動車メーカーもあった。運転席／助手席ドアの前側三角コーナー、フロントガラスの両側に沿ったAピラーとドアの鉄板のラインとで構成される三角

RX-8 のドアの三角コーナー、アウターミラー取り付け部にセットされた BOSE サウンドシステムのトゥイーター。

形の部分にトゥイーターを埋め込み、その取り付け角度を工夫することで定位をはっきりさせるというアイデアである。クルマの屋根を支える支柱＝ピラーは、フロントガラスを支えるAピラーから始まり、後方に行くに従ってBピラー、Cピラー……と呼ばれる。ドアミラーが埋め込まれている部分がAピラーの三角コーナーである。ここにスピーカーを埋め込むのだ。

いまでこそ当たり前の方法になったが、じつはAピラーの付け根の三角コーナーの利用方法をドイツのBMW社が特許として抑えていた。これは某カーオーディオメーカーが調査してわかったことで、たしかそのメーカーは特許交渉までしたと聞いている。自動車メーカー各社がAピラー根元という特等席にスピーカーを埋め込むことができるようになったのだから、BMWの特許は切れるかオープンにされたか、どちらかだろう。私の愛車、マツダRX‐8に装備されている『BOSEサウンドシステム』も、このAピラー位置トゥイーターが音決めに重要なポジションを占めている。

さて、愛車ボルボ240のオーディオである。ながらく故障したままになっていたカセットデッキとチューナー／アンプを内蔵した八〇年代初期型の「カーステレオ」は、二万五〇〇〇円ほどの出費で蘇った。脱着工賃とオーバーホール料金込みでこの値段というのは、修理を担当してくれた人がカセットマニアだったからであり、時間当たり工賃で計算すると驚くほど安い。私がいつもメンテナンスでお世話になっている東京は墨田区の並木盛自動車さんを通じて紹介いただいた方が修理してくれた。

古い車載カセットデッキは、モーターひとつにギアとベルトをつかって再生回転／早送り／巻き戻しを行なうものがほとんどで、私の機材もベルトが伸び切ってダメになっていた。驚いたのは音声信号回路やラジオチューナーにまったくダメージがなかったことだ。回路チェックと一部ハンダ付けのやり直しをしてもらった。ボリュームユニットはそのままでOKだったが、メカ部は徹底掃除とグリスアップ。オリジナル部品をほとんど交換することなく、二四年前のカーステレオは蘇った。

まずはCカセを聴いてみる。ながらく音を出していなかったスピーカーも、短時間のエージングで以前の音が帰ってきた。これもレトロなナカミチのCカセデッキ、ZX-7で録音したノーマルテープだが、スローテンポのピアノの音で回転ムラが気になるものの、ジャズを聴くにはほぼ問題ない。人間の声の帯域を中心に、低域は潔くカットされ、高域もな

修理されたボルボ240のカーステレオ。メタリックグレーのボディの上にある黒いスリット部分にCカセを入れる。

だらかに音圧が下がるという「昔ふう」のカーステレオの音だ。でも、音楽の骨格となる帯域はちゃんと聞こえる。中域はブ厚い。二四年も乗って、あちこちがやられた愛車には、ちょうどいいムードの音だった。

今度はカセットアダプターをつかってｉＰｏｄの音を聴く。Ｃカセよりも中域の密度感が薄れるものの、そこそこで切り落とされた低域からスムーズにつながる中域、その先でかなりのところまで頑張ってくれる高域というバランスは、Ｃカセよりもフラットに近い。ジャンル選択のシャッフルモードで延々と音楽を聴くことができるから、ニューヨークの「専門ＦＭ局」のようだ。古いクルマの「カーラジオ」にしては音が良過ぎるが、ちょうどそんな雰囲気で「ながら聴き」できる。

カーオーディオが蘇った翌日、私は取材にボルボ２４０で出掛けた。高速道路走行では、時速一〇〇キロがこのクルマの「騒音」限界であり、瞬間的な追い越し加速で時速一〇〇キロを超えると、うるさくてたまらない。だから制限速度ちょい下がちょうどよく、音楽の「ながら聴き」と、ついでにシガー（葉巻）に火を着けて「ながら吸い」しながらのんびり走った。オーディオマニアが納得する音ではないが、ＡＭラジオよりは相当マシだ。

市街地に入り、信号でのゴー＆ストップを繰り返す運転になっても、隣を追い越して行くバイクのエンジン音やまわりのクルマのクラクション、救急車のサイレンなどを良く聞き取れる音量で楽しむ程度が、この古いボルボ２４０にはちょうどいい。オーディオ装置の取り付け位置は、センタートンネルのすぐ上、しかもオートマチックトランスミッションのセレクターレーバーが手前にあるという低くて奥まった場所だが、機材のフェイスデザインがシンプルであり、かつスイッチ類がすべて大ぶりなのでブラインドタッチで操作できる。滅多にないことだが、冬に手袋をしたままでも操作できる。

ナカミチＴＤ‐１２００と同じダブルシャフトの操作系であり、それぞれのシャフトは同軸の二重ノブ。中心側は一段引き出すと機能が切り替わる。外周側は単機能。ラジオのプリセットはボタン式。プリセット以外の局に合わせたいときはチューニングノブを回せばいい。目で見て確認しながらやらなければならない操作は何もない。だから、音楽やラジオニュースを聴くという動作のすべてが運転の邪魔にならない。

翌日、同じＣカセをＲＸ‐８の『ＢＯＳＥサウンドシステム』で聴いてみた。「ああ、新しい音だ」と感じる。マツダのメーカー設定オプションであり、ＢＯＳＥがマツダの指示で音づくりを行なったものだが、純正オーディオらしく聴き疲れしない音をベースに、

RX-8のオーディオ操作系も、スイッチ類の並びと凹凸が工夫され、ブラインドタッチへの配慮がなされている。

ちょっと主張のある音色を出している。低域の一部がこもる点が気になるが、高音と低音を少し操作すれば「ながら聴き」に適した音になるからいい。

　私が知っているかぎりでも、自動車メーカーの開発・設計部門にはオーディオマニアがかなりいらっしゃる。自分でアンプを設計する人もいるし、だいたいが手作業の得意な人たちであり、当然「いい音」について主張を持っていらっしゃる。しかし、自動車の開発現場では思うに任せないことが多いと言う。コストや時間の制約を知恵で工夫するのは日本人が得意とすることだが、得体の知れない「お客様の声」「販売店の声」「社内の重役の声」をうまくすり抜け、オーディオ的にマトモで、かつクルマの運転の邪魔にならない音づくりをするというのは、そう簡単ではない。

　だから、純正ではない市販カーオーディオと、それをつかって個人の好みに合わせたセットアップをしてくれる専門店の意味がある。二〇年以上前、私がお世話になっていた東神田のドレスアップショップには、何でも自作してしまうスゴ腕のK店長がいらっしゃった。けして派手な音はつくらないが、聞き込むほどに良さがわかるという音だった。いまでもあの愛車の音を思い出す。アウディ９０クワトロだった。

そのK店長に、サウンドストリームTC‐３０８にパワーアンプA５０を三台、アルテックの2ウェイ・スピーカーとフルレンジで仮想3ウェイのマルチアンプ・システムを組んでもらったことがある。スピーカーユニットの音が車室内を支配するようスピーカーバッフルをつくり、ドアやボディの各部をウレタンフォームや鉛シートで音を聴きながらデッドニングするという作業を、彼は仕事の合間にやってくれた。貼っては剥がし、剥がしては貼り、盛っては削り、削っては盛るという地道な作業を二週間。信号ケーブルの這わせ方にも注意を払い、ノイズカットのコンデンサー類はいっさいつかわない人だった。ああいうセッティングができる人はほとんどいなくなったな……。

横浜方面にもカーオーディオの達人がいた。その人からいただいたCカセは、例のナカミチの超弩級カセットデッキ１０００ZXLで録音したもので、いまでも大事に持っている。「これがカセットか！」という音が入っている。私がわざわざRX‐８の『BOSEサウンドシステム』にカセットデッキを追加オーダーした理由は、iPodをカセットアダプターでつなぎたいという実用面だけでなく、横浜の達人からいただいたCカセを「いま」のシステムで聴いてみたいという興味もあった。

そう、これまで何度も主張してきたことだが、我われはあまりにもあっけなくCカセを捨ててしまった。CD‐Rの時代にも通用するCカセのポテンシャルが広く知られることなく葬られ、Cカセの跡を継いだMDはあっという間に主役の座をメモリー型オーディオに奪われた。その過程で、一般的な楽曲リスナーの「耳」だけが確実に悪くなっていった。

その翌日、ふたたびボルボに乗った。ちょっと遠出、沼津往復の取材。帰りは夜中だからジョン・コルトレーン&ジョニー・ハートマン、チェット・ベイカー、マル・フィッチ、そして若かりしころのフランク・シナトラといったジャズの歌声Cカセを七〜八本持って出掛けた。それと、二時間吸える長めのシガー。

御殿場の山道にさしかかったところで聴いた古い録音の「ステラ・バイ・スターライト(星影のステラ)」がとてもいい。この曲で「あ、そうだ」と思い出し、「今度はクリス・コナーとハリー・ジェームズ楽団のテープもつくらないと」などと考える。東名高速の沼津ICから、二回の休憩を入れて時速九五キロ一定の旅。新幹線に乗るよりも精神的にははるかにラクチンなドライブ。

昔ふうのカーステレオも悪くないな……。つい、シガーや缶ピースを吸いすぎてしまうけれど。

勝手にしやがれ？

愛用のカセットデッキが故障した。ここ数年、まったくトラブル知らずだった一九八〇年代初期に製造されたナカミチ「ZX‐7」だが、このところはレベルメーターが振れているのにテープに録音されていなかったり、ヘッドアジマスやテープのキャリブレーション（調整）ができなかったりと、不具合が目立ってきた。果たしてまだ修理可能なのだろうかと、ナカミチのサービス部門に電話。そして、修理不能だったときのことを考えて、中古ショップ「ハイファイ堂」のホームページをチェック。すると、あった！　メーカー・メンテナンス済の「ZX‐7」が。

私の手元に二台の「ZX‐7」がある。新品で購入し、だいたいのヘッド使用時間を記録してあるほうを予備機にしている。私が日本にいるかぎり、少なくとも週に一度はコンディション維持のための録音または再生を短時間だけ行ない、しかしヘッドを摩耗させないようメタルテープはつかわない。もう一台は三年ほど前にインターネットのオークショ

SONY「KA5ES」のカセットドアを外してヘッドまわりの清掃。日常のメンテナンスは機材を長持ちさせる。

ンで落札したもので、こちらは日常稼働用だ。同様にメタルテープは極力つかわない。

個人的な観察では、八〇年代後半までのコンパクトカセット（Cカセ）デッキは、ノーマルテープをつかったときの音がいいように思う。数十台のCカセ・デッキをつかった経験から言うと、CDが普及した八〇年代末期以降のデッキは、ノーマルテープで録音すると高音域が持ち上がるという周波数特性にセットされているケースが見られた。バイアスとレベルの微調整機構が搭載されている機種ならフラットな特性に追い込むことはできるが、総じてバイアス初期設定は高域強調型が多かったように記憶している。

ナカミチのCカセ・デッキは、かの有名な「ドラゴン」も「ZX-7」も、ノーマルテープでの録音・再生音が気に入っている。相性の良いテープだと、ドルビーなしでも充分なほどテープヒスノイズが気にならない。全体的に密度感が増す録音・再生音の傾向だと思う、楽曲によっては表現が派手めになるケースや、反対にスッキリし過ぎて薄手になるケースもあるが、それもご愛嬌。もとのソースの音をきっちりと再現するだけがオーディオ機器の楽しさではない。「ZX‐7」は意外と「自分のカラー」に染める。そこが楽しい。

発売は一九八一年だから、すでに「ZX‐7」は四半世紀前の製品。しかし、ナカミチのサービスセンターに電話すると「交換部品がある部分については修理します」とのことだった。さすがCカセ・デッキで一世を風靡したメーカーである。二五年前の製品についてサービスパーツをいまだに確保しているオーディオメーカーは、私の実体験の中ではアキュフェーズくらいのものだ。最近のナカミチは、かつてのようにオーディオ界に話題を振りまいているわけではないが、過去の製品に対する責任とプライドを放棄していない。こういう「継続させる価値観」がファンにはありがたい。

インターネットのオークションに「ZX‐7」を出品されている超マニアの方に質問してみても、「再生ヘッドは欠品ですが、それ以外は修理可能のようです」との回答だった。そのヘッドも、オーディオメーカーでCカセ・デッキを修理していた人からは「みなさんが想像しているよりも、じっさいの摩耗は少ないんですよ」と聞いたことがある。私のオーディオ仲間も「ナカミチは、オーバーホールはやってくれないけれど、不具合か所は修理してくれる。不具合を見つけるには検査が必要だから、結局は全機能チェックだろ? だったらオーバーホールと変わらないんじゃないの?」と言う。

「しかし待てよ、個人でサービス窓口に持ち込むより、オーディオショップ経由のほう

ハイファイ堂・秋葉原店の店内。昔あこがれた機材と間近にご対面できる中古ショップは、まさにパラダイスだ。

が融通が利くかも」

そう思い、中古オーディオ・ショップのハイファイ堂にお願いしようと勝手に決めた。インターネットにアクセスできる環境にあるときは毎日、この中古ショップのホームページ（http://www.hifido.co.jp/）をチェックしている。本店は名古屋で、大阪の日本橋と東京の秋葉原、それと京都に支店があるオーディオショップだ。ちょうど、メンテナンス済みの「ZX‐7」をネットで購入予約してあったので、その引き取りがてら、私の機材の修理をお願いしよう、と。

数日後、秋葉原の電気街から少し離れた場所にあるハイファイ堂秋葉原店におじゃました。お目当てのメンテナンス済み「ZX‐7」とご対面。きれいな外観だ。ラックの上に乗せられ、まるで拙宅に運ばれるのを待っているかのようだ。さっそく作動チェック。Cカセ・テープを入れて再生ボタンを押す。スピーカーから出る音に耳を澄ます。うん、きれいな音だ。再生は問題ない。

つづいて録音系のチェック。ひととおりの手順を踏んでみる。まずはヘッドとテープの接触角度、アジマスのチェックだ。ドルビーNRを「OFF」に、テープセレクターを使用するテープの位置に合わせる。録音スタンバイ状態にしてモニタースイッチを「TAPE」側に。アジマス調整ボタンを押して小さなノブをゆっくり回すと、ヘッドとテープの接触角度が最適になった位置で、中央の赤いインジケーターが点灯した。OKだ。私の「ZX‐7」はこの機構が故障している。

つぎはテープのキャリブレーション。録音・再生レベル調整のボタンを押すと、四〇〇ヘルツのテスト信号が流れる。一六ポイントのレベルメーターを見ながら「Cal」位置で止まるように調整。その昔、FM放送の番組をエアチェックしていたころは、「ポッ、ポッ、ポッ、ピー」という時報をテストトーンに利用したものだ。最後の「ピー」が四四〇ヘルツ（だったかしら？）で、その音がVUメーターの「0dB」を指すように録音レベルを調整する。それと同じ作業を「ZX‐7」は内蔵の発振器でやってくれる。これもよし。

さらに高域のバイアス調整。一五キロヘルツという高い周波数のテスト信号をつかい、その周波数帯でフラットレスポンスになるよう調節する。バイアス電流は、磁気信号に変換された音をテープに転写するための搬送波のようなもので、量を少なくする（バイアスを浅くする）と高音域が上がり、増やす（バイアスを深くする）と高音域が落ちる。ノーマルテープ好きの私だが、往々にしてノーマルテープは高域の感度を持ち上げ気味なので、デッキによってはかなりバイアスを深めにしなければならない。ナカミチのデッキ自体はフラットレスポンスだと思うのだが、どんなテープで設計値を決めたかによっても、微妙に高域の出方が違ってくる。だから調整が必要なのだ。

レベルメーターを見ながら「ZX－7」のバイアスを合わせようとしたが……おっ、なんかおかしいぞ。L（左）チャンネルのレベルメーターが振り切ってしまう。バイアスつまみを回しても「Cal」位置に止まらない。

「どうかしました？」

ハイファイ堂の鈴木安博さんが私の作業をのぞき込む。

「バイアス調整が合わないんですよ……」

一度操作をやめ、ふたたびトライしたが、それでもダメだった。鈴木さんもチャレンジしたが、やはり同じようにダメだった。メンテナンスしても、ほかの部分に不具合が出るというのは機械の宿命。この「ZX－7」も、メンテナンス終了時点ではなんの問題もなかったのだろう。古い機材だから、こうしたトラブルもある。鈴木さんは少しもあわてず「もう一度メンテナンスに出しましょう」と、伝票を書き始める。この淡々とした作業が、まさに中古機材店のプロフェッショナル・スタッフであることを物語る。

その間に私は、持参した「ZX－7」を用意。こちらの修理依頼伝票も書いてもらう。「ヘッドのアジマス調整ノブを動かしてもインジケーターがまったく反応しないんです。調整されているのかどうかわからないんですよ。キャリブレーションもたまにおかしいのですが、こちらは再現性が乏しく、調整できたりできなかったり、です。それと、レベルメーターが振れているのに録音されていないことがあります」と症状を伝える。「かなり機能全般におよんでますね。とりあえず見積もりに出しましょう」と鈴木さん。

「多少、時間はかかりますが、ナカミチさんは、しっかりとチェックしてくれますから」との言葉に、私もひとまず安心。メンテナンスから「ZX‐7」が戻ってくるのを楽しみに待とう。私は店内を物色しながら鈴木さんとお話をすることにした。

それにしても、中古オーディオショップはオーディオマニアのパラダイスだ。昼間の時間帯にもかかわらず、私のようにオーディオ機器が好きでたまらない人たちが店内をのぞきにやってくる。観察していると、やはりご年輩の方が多い。そろそろ五〇歳の私から見ても「おじさん」と呼べる人が多い。

陳列棚を見ていると……あったあった。きのうハイファイ堂のホームページで見かけた機材だ。金属ボディが逞しいマッキントッシュの管球式パワーアンプや、いまでもグッとくるデザインのマランツ製アンプ。ジーメンスのアンプ。トーレンスのアナログターンテーブル。昔あこがれていた機材が、目の前の棚やラックに並んでいる。私自身、とりたてて懐古趣味というわけではなく、新しいモノにはおおいに興味があるのだが、心ときめく機材というと、だいたいがこうしたヴィンテージ品になってしまう。

「牧野さんのようなお客様は多いですよ。かつてあこがれていた機材を、いまなら手に入れられるという方です。そうですねぇ、やはり団塊の世代の方がいちばん多いでしょうか。だから、海外製品だけでなく国産の古いアンプも人気が出てきました。ここで商品を眺めながら、ああ、なつかしいなぁ、と、おっしゃる方が多いです」

なるほど、そうだろうなぁ。古いとか新しいとかではなく、自分が本当にオーディオが好きで、のめり込んでいた時代の機材に親しみがわくのですよ。

「ラックスマンのアンプなどは、人気があります。古いものでもまだメンテナンスを受け付けてくれたり、ラックスを辞めた人が個人のメンテナンス業をやっていたり、これからも現役にとどまれる機材が多いんですよ。それとやはりアキュフェーズですね」

いくら中古品が流通しても、メーカーは儲からない。国産の自動車のように、車検とサービスのほうが新車を売るより利益になるとい

マランツのフェイスデザインは秀逸だった。いまでもグッとくる「Pm-8」は、ぜひ手元に置いておきたい1台。

う状態ではないだろう。以前おじゃましたアキュフェーズ本社で見た、階段や通路までをつかってサービスパーツのストックを増やしている様子を思い出す。継続する価値観でモノづくりをしてくれる会社には、本当に頭が下がる。

「アキュフェーズやＪＢＬの製品を求めて、いまでは海外からバイヤーが来ますよ。中古オーディオショップを片っ端から回るようです。中国とかシンガポールとか、アジア圏の方が多いですね」

そう。中国はちょっとしたオーディオブームだ。私も自動車の仕事でよく中国に出掛けるが、管球アンプやスピーカーの中国ブランドが本当に増えた。「どこかで見たようなデザインだなぁ」と思う製品もあるが、それはかつての日本製品も同じだ。人のことは言えない。それよりも、いまや真空管生産が盛んな中国は、これからおもしろい存在になるだろう。そして、自国製オーディオ機器をつかいこなして耳が肥えた若者が増える。ここ二〇年ほどのスパンでジュリアード音楽院卒のアーティストを見れば、日本から韓国、韓国から中国へとアジアの勢力図が移り変わっている。オーディオ機器の世界も、いずれは中国製が席巻するだろうと私は見ている。

そんな話で盛り上がると、鈴木さんはこう言った。

「メーカー同士が音を競い合うなかでオーディオ機器が進歩しましたよね。その時代は音楽も栄えたように思うんですよ。大衆音楽からクラシックまで、日本の音楽をオーディオ機器が支えた。クルマの両輪だったんですね。いまはコンピューターの打ち込み音楽だからｉＰｏｄのような機器が発達するのかもしれません」

同感。しかしｉＰｏｄは日本のオリジナルではない。そこが悔しい。考えたのはアップル社の中国系エンジニアだ。

「果たして、二一世紀の日本のオーディオ機器は、やがてヴィンテージになれるだろうか」

鈴木さんとこんな話題になった。

「あのころの音楽を、あのころの機材で聴きたいという欲求が、現在の中古オーディオ機器市場を支えているように思うんですよ」と鈴木さん。まったく同感。

「では、いま流行っている音楽を、いまの若い人たちが四〇歳、五〇歳になったとき、当事の機材で聴きたいと思うでしょうか」

難しいなぁ……。ハードウェアそのものが興味の対象ではなく、ソフトウェアが主役であるということは、たしかに良いことだと思うけれど、ソフトウェアだけが正常進化するということは、どうもあり得ないような気がする。それに、以前は音楽再生フォーマットの移り変わりはゆっくりしたペースで進んだものだが、デジタルの世界は栄枯盛衰が早過ぎる。ただし、毎日「ｉＰｏｄ」を二台は持ち歩きながらも、そのｉＰｏｄに収容されているのはとっくに流行の時期を過ぎたアーティストばかりという自分を思うと、たとえフォーマットが変わっても「好きな音楽」があればいい、とも思う。音楽は不変で、音楽だけ新しいフォーマットに引き継がれればいい、と。

その、フォーマットの危機という意味で心配なのはCカセ・デッキだ。手持ちのCカセ・デッキのなかでもっとも新しいＳＯＮＹの最終型「ＫＡ５ＥＳ」は、すでに録音／再生コンビネーションヘッドのサービスパーツが在庫払拭している。つい先日、サービスセンターに確認したところ「在庫はありません」と言われた。ヘッドの偏摩耗や少々の傷なら研磨である程度修復できるが、過去にあまたの名作Cカセ・デッキを世に送り出したＳＯＮＹにしては「ヘッド在庫の払拭が早過ぎない？」と思う。最終型「ＫＡ」シリーズは九四年の発売であり、製品の製造終了後六年という経済産業省指導のサービスパーツ保有期間はとっくに過ぎている。その意味では、ＳＯＮＹに落ち度はないのだが……。

九〇年代半ばにCカセ・デッキをわざわざ新品で購入する酔狂な人々のことを考えて欲しかったと私は思う。最終型であり、この先、新製品が発売されることはまずない。旧モデル復刻もあり得ない。ならば、修理対象現品がサービスセンターに持ち込まれて実際に修理入庫した場合にかぎり「すべての部品を二〇年間保証します」くらいの太っ腹でいて欲しかった。「あなた自身の意思でお買いになったのでしょ？」と言われているようで、趣味の機材としては少々寂しい。まあ、この期におよんでは「使いつづけたいとおっしゃるのは、あなたの身勝手です」と言われても仕方のない我われだが……。

いや、太っ腹に近いメーカーはある。民生用の最終型を九五年に発売したＴＥＡＣだ。

八九年に発売の「V－9000」を除く「V－1010」から「V－8030S」までの「V」四桁シリーズの中には、ヘッドの在庫を少数ながら抱えている機種がある。かなりの重修理でも対応してくれた例が私の周辺にもある。インターネットで『TEAC修理センターAVサービス部』のホームページ（http://cp- svg.teac.co.jp/index.html）を見れば、「往年の名機修復に関するアンケート」の項目の中に「オープンデッキとCカセ・デッキのサービスパーツを再生産することで修復を可能にするサービスの実施を検討しています」という表記がある。

また、このホームページには「もし昔ご使用されていたテープデッキを現在でも保有されており『修理やメンテナンスが可能であれば依頼したい』とお考えの方がいらっしゃいましたら、ぜひ以下のアンケートにご協力ください」とのくだりがある。アンケート画面に進むと、「機種名」「製造番号」「未使用期間」「具体的な症状」といった項目があり、記入すればちゃんと返事が来る。メールで修理の相談も受け付けてくれる。ティアック製品をお持ちの方は、ぜひ利用していただきたい。もちろん、修理を強制されることはない。相談相手になってくれるのだ。

すっかりハイファイ堂で油を売った私は、小雨の中を家路についた。仕事部屋に入り、ぽっかりと穴があいた「ZX－7」の定位置と、三台目の「ZX－7」のために空けておいたスペースをしばし見つめる。そして、稼働状態にあるSONYのCカセ・デッキにテープを入れた。「ＫＡ５ＥＳ」のヘッド在庫がないとわかってからは、新しいメタルテープの封を切ることはなくなった。

「そうだ、新しい機材があった！」

思い出した私は、ラックの空きスペースにパイオニアの「Ｔ‐Ｄ７」を入れた。ＣＤプレーヤーで実績を重ねたレガートリンク・コンバージョンにデジタル・ノイズ・リダクションを加えた九七年発売の現役製品。〇八年八月末現在はメーカー在庫品薄だが、まだカタログからは消えていない。そうだ、これがあった。シングルキャプスタンだが、ヘッドは３ヘッド構成。テープに記録されたアナログ信号をデジタル処理してノイズを除去し、同時に再生帯域を広げてくれる。音色は少し変わるが、古いテープは聴きやすくなる。人類が残したＣカセ・テープという文化遺産を埋没させない機材だ。

一転して気分が明るくなった私は、ひさびさに新品メタルテープの封を切り、アナログレコードのコピーを「Ｔ‐Ｄ７」でつくりはじめた。そう、こっちは在庫払拭とは反対の意味での「アンタが勝手に楽しめば？」だ。そして思った。かつて「ＣＴ‐Ａ１」という超弩級Ｃカセ・デッキを開発したパイオニアが、人類最後のレファレンスＣカセ・デッキをつくってくれないだろうか、と。

「いや、ティアックとパイオニアのジョイントなら可能性があるかも。デュアルキャプスタン系のテープ走行系メカは、まだティアックの業務用ＴＡＳＣＡＭブランドが製品を出している。これにパイオニアのデジタル信号系を組み合わせて開発・製造コストを分散して……」

マニアの夢とは、こういうものなのだ。

しかし、パイオニアが業務提携先に選んだ相手はパナソニックとシャープだからな。両社ともにマニアを相手にしてくれるような企業じゃない。いや、最近のパイオニアはスピーカーで頑張っているから、もしかしたら……。

カム・レイン・オア・カム・ライトニング

エディロール製のデジタルレコーダー「R－09」を持って歩くようになってから、すっかり私は録音中年だ。マイク内蔵なので、そのまま気軽にステレオ録音。取材メモやインタビューにもR－09をつかう。ICレコーダーや録音用iPodの出動回数がほぼゼロになった。ビットレートを上げれば音の分解能が高くなり、けたたましい騒音の工場内で録っても人間の声を鮮明に記録できる。機械式メカニズムを持たないからショックにも強い。「究極のダイナミックレンジを誇る雷を録ってみたい」というのが、最近の願望だった。そして、その願いがかなった。

仕事の写真をフィルムで撮らなくなってから、もうどれくらいたつだろう。初めて買ったデジタル一眼レフ、一台の「ニコンD1」は、すでに現役引退している。現在の主力は「D2H」で、これも世の中では旧機種。やたらと画素数が増えて写真一枚あたりのデータ量が重たくなるのがイヤなので、一二三〇万画素の「D300」を買ったものの、仕事用は

こうして比べるとオーディオ機器の進歩を感じる。ただし「どれが好きか」は別問題である。

四一〇万画素の「D2H」。これで充分だ。

勘違いされているのは、撮像素子の「画素」とプリント可能サイズの関係だ。コンパクト・デジタルカメラの小さな「一画素」でも、きちんと後処理すれば「一画素」以上の働きをしてくれる。APSサイズの大型撮像素子をつかうデジタル一眼レフなら、たとえ「ニコンD1」の二七〇万画素でも新聞紙一ページの半分の大きさに引き伸ばせる。一画素が大きく、その結果としてダイナミックレンジが大きいことが重要であり、要は仕上がり画素数ではなく写真を後処理するオペレーターのウデ次第なのである。

しかし、世の中はまだ画素戦争を続けている。エディトリアルの世界では『フォトショップ』もまともに操作できないようなオペレーターが増えているし、後処理をほとんどしないアマチュア愛好家が主要購買層になったから、とにかくデジタル写真機は画素数をまず稼いでおこうという考え方のようだ。

一九九九年当時、いちばん安いデジタル一眼レフが「ニコンD1」であり、定価は六十五万円だった。もっとも、選択肢は「D1」か、その倍以上するキヤノンのデジタル一眼しかなかった。いまでは考えられない値段だが、それでも従来に比べて一気に半額になったD1はヒットし、キヤノンにシェアを食われっぱなしだったニコンが一矢を報いた。エディトリアルの世界で写真のデータ入稿が流行り出したキッカケはD1の発売だった。

私は二〇〇〇年の夏まで、ある自動車雑誌の編集長をしていた。その媒体はすでに、九六年夏の時点で私がフルDTP（デスク・トップ・パブリッシング）化、つまりデジタル編集に切り替えていたので、デジタル写真で入稿してくれるフォトグラファーはありがたかった。個人的にはポジフィルムが大好きだし、毎日のお散歩写真はモノクロームで撮っていたのだが、フィルム代と現像代がかからないデジタル写真は、毎月の製作費を管理する身の私にとっては好都合だった。

低コスト。これはデジタル化の重要なセールスポイントだ。エディロールR‐09の内蔵ステレオマイクで収録した音を、あとでオーディオ・コンポーネンツにつないで聴いてみると、「ああ、アナログ時代にこのレベルの音を録ろうとしたらいくらかかっただろう」と、しみじみ思う。なんと言ってもS／N比がいい。ノイズが極めて少ない。通常の携帯型デジタルプレイヤーで標準的につかわれるMP3フォーマットでも、三二〇キロバイト／秒までビットレートを上げると、公園で録ったセミの音もなかなかリアルに聞こえる。

ＳＯＮＹのカセットデンスケと集音パラボラ付きのマイクを持って「ナマ録」を楽しんだのは高校生から大学生にかけてのころ、七〇年代後半から八〇年代初頭にかけてだった。いまでも残っているコンパクトカセット（Ｃカセ）テープを聴くと、解像度はさすがに甘い。当時は「いい音だ！」と思っていたが、ローエンドとハイエンドの周波数特性はだらりと下がり、記憶に残っている原音とは相当な違いがある。原音が記憶のなかで美化されたのではないな、と、正直に思う。

九〇年代に入ってポータブルＤＡＴで録ったものは、さすがにノイズフロアがグーンと下がり、めざす音が浮き上がってくる。ＤＡＴはいまでも最高の録音メディアだと思う。いまとなってはアナログ・バランス入力付きのＳＯＮＹ「ＴＣＤ‐Ｄ１０ＰｒｏⅡ」は貴重な存在。ためしにマイクをつないで音を録ってみれば、ああ、やっぱりＤＡＴはイイ！

しかし、充電池は劣化が見られ、もはや一時間弱しかもたない。別売りだった長時間電池（それでも三時間半！）は持っていない。ＤＣ六ボルトだから、いずれリチウムイオン電池で自作しようと考えている。そのときは、ふたたび「Ｄ１０ＰｒｏⅡ」を持ってナマ録にでかけよう。九〇年当時と現在とでは、蓄電池の性能がまったく違う。現在のバッテリー技術をもってすれば、「Ｄ１０ＰｒｏⅡ」を五〜六時間動かすことは可能だ。そういえば、ナグラやステラヴォックスのＤＡＴはまだあるのだろうか……。

電池のもちという点でも、機械部分を持たないＲ‐０９は優秀だ。アルカリまたはニッケル水素の単三電池二本で四時間の連続録音が可能。実際につかっていると、最長で五時間もった。これは立派である。私は充電式のニッケル水素電池で二四〇〇ミリアンペアのタイプをつかっている。単三なら入手に困ることはない。記録回路側も省電力設計であり、このあたりは最近のデジタル機器でいちばん驚く部分である。自動車のエンジンもコンピューター制御の恩恵を受け、燃料噴射時期と量、バルブの開閉タイミングをかなり精密に制御できるようになったことで燃費が向上した。機械損失の低減と合わせ、いまのエンジンは燃費だけは確実に良くなっている、デジタル機器の進歩と共通する部分である。

ざっとR－09を紹介しておくと、エディロール（EDIROL）というブランド名は日本のローランド（ROLAND）のものだ。その昔、私がロック小僧だったころ、ローランドさんには大変お世話になった。私はシンセサイザーとベースアンプをつかっていた。まさか、五〇歳を間近にふたたびローランドさんのお世話になるとは思ってもみなかった次第である。

R－09の記録媒体は、二ギガまでのSDメモリーカードまたは四ギガのSDHCの一部に対応する。いまどきの製品らしく、ローランドのHP（ホームページ）には正常に作動しなかったメモリーカード名が公表されるので、安心してSDメモリーカードの買い物ができる。ファームウェアのバージョンアップもHPからのダウンロードで可能だ（ただしUSB端子を持ったパソコンが必須）。

録音のフォーマットは、データ圧縮するＭＰ３か、非圧縮のＷＡＶのどちらか。さらに、ＭＰ３ではビットレートを六四から三二〇キロバイト／秒（ｋｂｐｓ）までの七段階から選ぶことができ、ＷＡＶでは一六ビットでサンプリングレートは四四・一キロヘルツというＣＤフォーマットか、ＤＡＴやデジタルビデオのトラックでつかわれる四八キロヘルツ／二四ビットのいずれかを選べる。入力は内蔵マイク／外部マイク／ラインの三つから選べる。

たとえば、アナログレコードやＣカセ・テープの出力をプリアンプ経由でライン入力するときなら、一六ビット／四四・一キロヘルツのＷＡＶフォーマットで音源を取り込み、そのままコンピューターでＣＤを作成できる。同じソースをＭＰ３フォーマットで取り込めば、ＰＤＡＰ（ポータブル・デジタル・オーディオ・プレーヤー）にそのまま転送できる（ｉＰｏｄの場合は、マッキントッシュ付属の「ｉＴｕｎｅｓ」が必須。用途によってフォーマットを選べばいい。ただし、Ｒ－０９にはサンプリングレート・コンバーターの機能はなく、ＷＡＶで記録した音源はＷＡＶで、ＭＰ３で記録したものはＭＰ３でしか記録メディアに残せないので、編集環境を考えて録音モードを選ぶことになる。

Ｒ－０９を購入して、まっ先につかってみたのは工場取材のときだった。専用ケースに入れ、ケースにストラップを付けて首から吊るし、録音スイッチを入れっぱなしにしてＭＰ３フォーマットの三二〇キロバイト／秒で録った。ずらりと並んだ工作機械がけたたましい音をたてる中を歩きながら、私を案内してくれる人のほうに神経を集中させてＲ‐０９は回しっぱなし（と言っていいのだろうか？）にした。機械が鋭利な刃で金属を削る音。無人搬送車の接近を知らせる「ピンポーン」音。樹脂成型マシンの「ドスン、ドスン」という音。いろいろな周波数帯の、多種多様な音色と音圧の中では人間の声も聞き取りにくいので、とにかく会話に集中した。

「なんですかァ!?」

私のほうも声を張り上げて聞き直さないとならない。

「この機械がですねェ、まず粗削りをしまして、つぎにあそこに運ばれて……」

工程を目で追いながら説明の内容も理解し、記憶のためにコンパクトデジタルカメラで撮影し、重要なところはメモも取る。その一部始終をＲ‐０９に音として収めておいたところ、非常に貴重なバックアップになった。音の記憶は、時として目で見た記憶以上に鮮明だ。Ｒ‐０９が集めた音をインイヤー型ヘッドフォンで聴くと、自分が歩いた通路と機械との位置関係までわかる。左右チャンネルのマイクを一二〇度の角度で配置しているから、ちょっと中抜け気味になるかもしれないな……と思ったら、そうでもなかった。

ｉＰｏｄ第四世代に専用マイクを差し込んでボイスメモとしてつかう場合は、まあ、声が入っているという程度の音質であり、騒音のなかで録ったときには何度聞き直してもよくわからないことがある。ビットレートは一二八キロバイト／秒だが、サンプリングレー

青山ジャズバードでのライヴ。手前にボケて写っているのがエディロール R-09。三脚付き専用ケースに入れただけだ。

トが八キロヘルツであり、ファイル容量は小さくていいのだが、録音機としては役不足。それに、録音ファイルにはハードディスクが起動するときの「ウィーン」という音が必ず入ってしまう。やはりｉＰｏｄは音楽再生専用にしておこう。

何度かの工場取材でＲ‐０９の実力が「ただならぬ」ことを知った私は、ナマ楽器の音を録ってみたくなった。この機材は、そういう用途のために開発されたものだ。大げさなマイクを持参するのではなく、まずは内蔵マイクの実力を知りたいなぁ……と思っていたところ、私のコンピューターにｅメールが入った。

東京は青山のジャズバード。地下鉄・表参道駅からほど近いビルの地下にあるこの店で、私が尊敬する自動車デザイナーのＮさんが「ライヴをやりますよ」と知らせてくださった。おそらく、日本でもっとも有名なデザイナーでありデザイン・ディレクターである。本職は工業デザイナーだが、ジャズベースの腕前はお見事。私はバンドの真正面に陣取り、テーブル代わりになっているグラウンドピアノの上にＲ‐０９を置いた。専用ケースはミ二三脚とセットで販売されており、そのミニ三脚をつかって、ちょこんとR‐09を置いた。

録音レベルはマニュアル。マイクのゲイン（利得）はハイ／ローとあるが、ロー位置にして録音レベルを調整しておいた。ライヴが始まる前の楽器のチューニングで目安をつけておき、あとは過大入力にならないよう、演奏が始まってから微調整。それでも、ピークインジケーターが点灯したのは二回ほどで、まずは順調に録音はスタートした。

三ステージで正味たっぷり二時間のライヴ。最高音質で記録できる四八キロヘルツ／二四ビットのＷＡＶフォーマットで録ると一一〇分しか録れない。最初のステージはＭＰ３の三二〇キロバイト／秒で録り、二ステージめはＷＡＶの一六ビット、そして最後のステージを四八キロヘルツサンプリング／二四ビットのＷＡＶで録った。

ＭＰ３では、さすがにこじんまりとした音になる。低域の情報は少ない。中域はそこそこしっかりしている。三二〇キロバイト／秒だから、ｉＰｏｄのＡＡＣフォーマットより音質がいいのではないか、と期待していたが、そこそこに丸まってしまい、音の分解能も「それなり」だ。

ＷＡＶ一六ビットの音は、まるで違う。それぞれの楽器に存在感があり、スネアドラムの表皮をカサカサと揺らすブラシワークとかベースの胴鳴り、トランペット特有の音の立ち上がりなどが、いい雰囲気で再現される。ＭＰ３では団子状態に聞こえた楽器の位置関

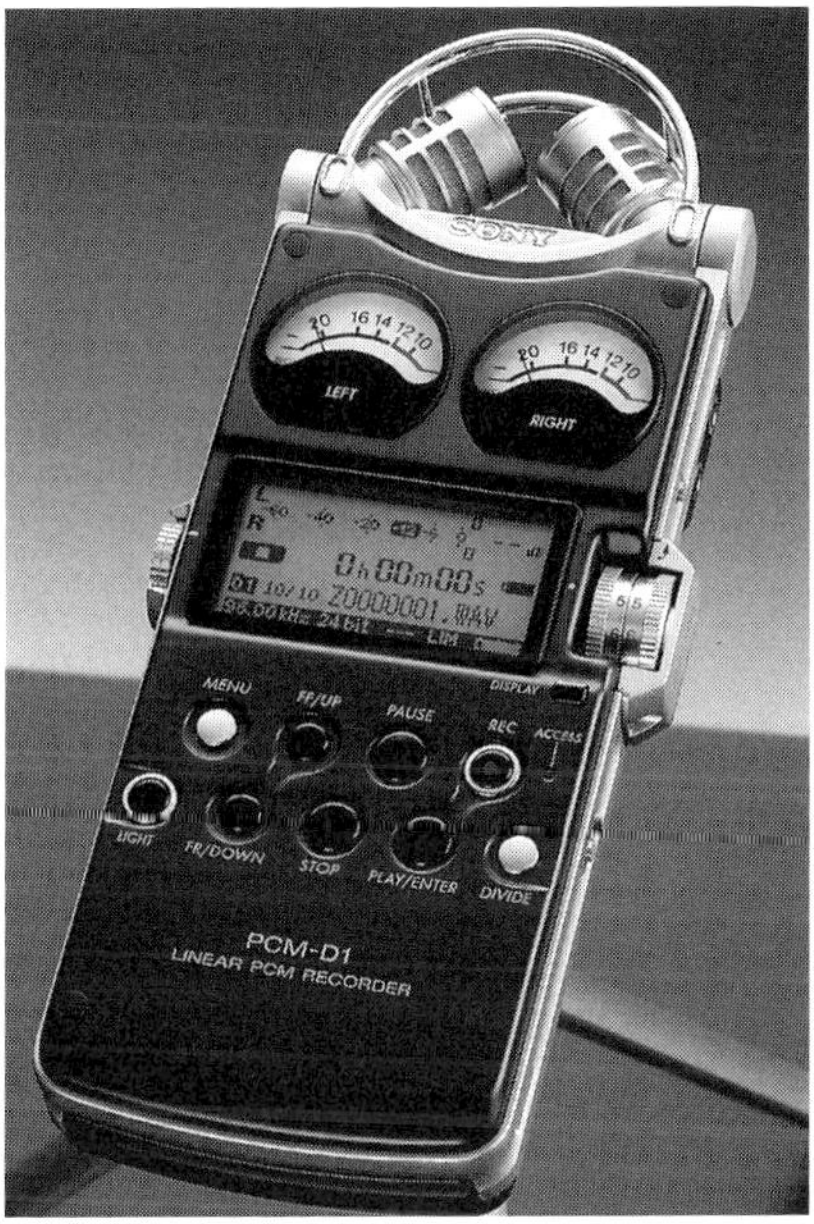

何ともカッコいいSONYのPCM-D1。現物を持っていないのでカタログ写真です。

係も見えてくる。低域もそこそこ沈み、バスドラムの音がきちんと入っていた。スピーカーから音を出すと、ジャズバードの雰囲気が見事に広がる。

うん、これはいい！　内蔵マイクによるお手軽セッティングでここまで録れれば充分だ。そして二四ビット／四八キロヘルツ。同じ曲を録音したのではないから、直接比較ではない。ニュアンスの微妙な違いはよくわからない。一六ビット以上にピアノの音がリアルだなぁ、とは思ったが、一六ビットとの差は大きくない。内蔵マイクの限界だろう。たとえば外部マイクをつかうとか、PAの出力をラインでもらってくるときなどは、二四ビット／四八キロヘルツの威力が伝わってくるような気がする。その実験はまたあらためてやってみたい。

それにしても、R－09の実力はなかなかのものだ。カセットデンスケやウォークマン・プロフェッショナルが第一線のコンシューマー機材だったころは、マイクスタンドを立て、マイクをセットし、しかもマイクの防震に気を遣い、大げさな機材を持ち込んだことを周囲の人に詫びながら録った。お店の許可を得て録音していても、同席するお客さんにとっては録音マニアなど邪魔者なのだ。ポータブルＤＡＴが登場し、かつてのオープンリール並みの音質を駅弁サイズの機材で録れるようになったときは狂喜した。ワンポイントステレオマイクをテーブルの上に置き、「Ｄ１０ＰｒｏⅡ」はヒザの上に抱え、レベルメーターを見ながらの録音とジャズ浸りでも苦にならなかった。さらに小型の「ＴＣＤ‐Ｄ７」もけっこう役立った。「Ｄ１０ＰｒｏⅡ」と違ってキャノン端子がなく、ステレオミニプラグ仕様のマイクしかつかえなかったが、それはそれでカジュアルな録音では威力を発揮してくれた。

Ｒ‐０９は、Ｄ７とワンポイントステレオマイクのセットの延長線上に位置する録音機のように思う。フォーマット自体が持つポテンシャルは高いが、「それだけ」でもカジュアルにつかえる。周辺機材を充実させると、ちゃんとその期待にこたえてくれる。何といっても値段が手ごろだ。ヨドバシカメラのような量販店では三万七八〇〇円が相場である。ちゃんと用をなすステレオマイクを内蔵してこの値段。ちょっと中身をのぞいてみれば、一枚基盤にうまく部品をまとめてあり、筐体もしっかりコストダウンされた「つくり」だが、この商品企画は見事だと思う。

Ｒ‐０９以上のクォリティで記録したいのなら、キャノン入力端子が付いたマランツの一六ビット・リニアＰＣＭ機「ＲＣ６００ＰＭＤ」か、九六キロヘルツ以上のサンプリングも可能なKORG「MR－1」、あるいはSONYの二四ビット・リニア機「PCM－D1」を試してみるしかないだろう。この三機種も私は非常に気になっている。とくにSONYの「PCM－D1」は、個人的にはストリンガー体制になって以降の製品で初めて「SONYらしいじゃないか！」と目を輝かせた商品。でも、一九万八〇〇〇円では、おいそれとは手が出ない。

気がつけば「iPod」がニッポンを席巻していた。しかし、日本の企業は録音機で反撃に出た。世界中のミュージシャンがつかうプロ機材の世界で圧倒的存在感を持つのが日本。ローランドもコルグも、シンセサイザーだけが十八番《おはこ》ではなかった。嬉しいかぎりだ。

……と、日々つねにR－09を持ち歩き、録音中年と化していた私に、静かな山の中で雷の音を録るというチャンスがめぐってきた。雷の音。これは難しい。かすかな雨音の向こうに、いきなり一〇〇デシベルを超えるであろうダイナミックレンジの轟音が響き渡るのだ。

クルマを停め、エンジンも止め、窓を開けてR－09を構えた。クルマに乗っていれば落雷も怖くない。たとえクルマに雷が落ちても、クルマの金属部分にさえ触れていなければ大丈夫。かつて私は、自動車雑誌編集長時代に日本工業大学の高圧放電実験施設で「人工落雷」を体験したことがある。何十万ボルトだったっけ。とにかく大丈夫だった。次の日便秘になっただけだった（不思議だ）。

ドロドロ……と、雷が近づいてくる。カム・レイン・オア・カム・シャイン……じゃなくてカム・ライトニングだ。やがてゴロゴロに変わる。遠くで爆撃でもしているかのような響き。ピカッと空が光る。五秒ほどおいて……

「バリバリ！！！」

その瞬間、R－09のレベルメーターは完全に振り切った。ピークレベルインジケーターも点灯した。相当なオーバービットだろう。記録された音は、たぶんぐちゃぐちゃの団子状態に違いない。録音レベルを思い切って半分近くまで落とした。雷はまだまだ落ちてくる。

「どかーん！」

キツい一発がそう遠くない場所に落ちたようだ。稲光から轟音まで約三秒。一キロ程度しか離れてない。レベルを落とした甲斐あって、こんどはマイナス六デシベルのあたりでメーターの振れは収まった。

「バーン！！！」

三発めの至近弾は、本当に至近距離だった。空が光ったと思ったら爆発音。メーターは振り切っただろうか？　インジケーターは光らなかったが……。

すっかり落雷録音を楽しんだ私は、ふたたびクルマを走らせた。取り出したカセットテープはソニー・クリスのアルバム「ゴー・マン！」。最後の曲がカム・レイン・オア・カム・シャインだ。雷鳴を録りながら頭の中に響いていたこの曲を聴きたくなった。雷が大気中の浮遊物をすべて焼き尽くしてしまったかのように、一気に気持ち良くなった空気の中、私はゆっくりと家路についた。

「帰ったら雷を聴かなくちゃ……」

エディロールR－09は相当なヒットになったようだ。私の周囲でもジャズ・ミュージシャンやオーディオマニアが何人も購入している。そしてローランドは、二四ビットでサンプリング周波数九六キロヘルツというフォーマットを追加したR－09HRを追加発売した。最大三二ギガバイトまでのSDHCメモリーカードをつかえるようになり、ハイサンプリングでの収録時間が大幅に伸びた。超小口径スピーカーを内蔵してくれた点も嬉しい。欲しいモノがまたひとつ、増えてしまった。

ウイッシュ・ユー・アー・ヒア

修理に出していたナカミチのCカセデッキ「ZX－7」が帰ってきた。やや遅れて、一九七〇年代末の銘機・ティアック「C－1」がわが家へやってきた。秋の虫たちが羽音を奏でるころになると、妙にアナログへの思いが盛り上がるのだが、今年はレコード盤ではなくCカセ熱に冒されたようだ。キッカケはデジタル録音機での失敗。これだけコンピューターとデジタル機器が普及したのに、うっかりミスを見逃してくれるような優しさは、デジタル機器には備わっていなかった。ことしの秋は、すでにもうカセットデッキに夢中だ。

失敗をやらかしてしまった。お気に入りのエディロール製デジタルレコーダー「R－09」である。ジャズ・ライヴやら雷鳴やらをお手軽デジタル録音で楽しんでいたのだが、容量二ギガ・バイトのSDメモリーカードがいっぱいになりそうだったのでコンピューターに音源を保存しようとUSBで接続している最中、間違えてケーブルを抜いてしまったのだ。となりのポートに差し込んであったケーブルを抜くつもりだったが、いま、まさにデータ転送中の「R‐09」側のケーブルを抜いてしまった。

こういうとき、デジタル機器はまったく無防備である。定められた手順で接続を解除しないと、読み取り側のデータが消失してしまう危険性がある。私のばあいは、じつに見事に「R‐09」内のSDメモリーカードが音声ファイル読み出し不可能になった。

「しまった……これにはインタビュー録音も入っていたんだよ！」

いきなり慌てた私は冷静さを完全に失った。読み出し不可能になったSDメモリーカードを修復ソフトにかけながら、さらに「やってはいけない」ことをしてしまった。アクセス可能なファイルの読み取りとフォルダー移動をやってしまったのである。もちろん、作業途中でSDメモリーカードは完全に読み取り不可能になった。

「そうだ……こういうときは、何もやっちゃいけなかったんだ……」

思い出しても、もうすでに遅い。翌日、近所にあるデータ復旧サービスの会社を訪れて状態を説明したとき、「ああ、やってはいけないことをしちゃいましたね……こういうときはですね、ジタバタしてはいけないんです」とあらためて指摘された。そう、ジタバタせずに接続ケーブルを引き抜いたときの状態でそっとしておけばよかったのだ。その人、Sさんはこう言った。

「できるかぎりの復旧をやってみますので、さっそく作業に取り掛かります」

私はインタビュー録音の日時と、だいたいの録音時間を伝えた。その情報を頼りにファイルを探し出し、そのファイルだけを救出してもらうのだ。

翌日の午前中に連絡があった。

「それらしきファイルがありましたが、断片化が激しいので部分的には復旧不可能です。何とか全体の半分ほどは言語として理解できるように復旧できそうです。このファイルでいいのかどうか、取り急ぎ録音内容の確認をお願いしたいのですが……」

電子メールで音声ファイルを送ってくださるというSさんに、「いや、近所ですから、出かけますよ」と私は告げた。期待と不安の混ざった気分でデータ復旧会社を訪れSさんと面会。三件約二時間のインタビュー録音のうち、試しに復旧されたいくつかのファイルを再生して聞いた。

「これです！」

「わかりました。できるだけのことはやってみます」

データ復旧の見積もり金額は六万円弱だった。三件の取材をやり直す労力と交通費を考えれば、六万円は安い。しかし、痛い出費でもある。

その翌日、ＤＶＤに収容された復旧データが届いた。約七〇のファイルに細分化されていたが、全体の半分以上は復旧されていた。原稿執筆に欠かせなかったインタビューの内容は、幸いに三件とも要点のメモを取っていたので、無事に活字になり雑誌に掲載された。超特急でのデータ復旧を引き受けてくださったSさんに感謝だ。ゆうに中古のカセットデッキを買える六万円弱の対価は授業料だと思えばいい。もう二度とヘマはしないだろう。しかし、同時に思った。

「これがカセットだったら、こんなことにはならなかったよな。テープが切れてもつなげるし、テープレコーダーのキャプスタンにテープが巻き込まれてグシャグシャになっても、自分で復旧できた……」

私は、印象に残ったインタビューのCカセを保存している。取材録音機がポータブルDATやSONY独自のフォーマットである「NT」になってからのテープも、一部は保存してある。Cカセのなかには二〇年以上も前のインタビューがあり、もちろん、それらの大半はレコーディング・ウォークマンで録ったものである。

急に昔のインタビュー録音を聞きたくなり、Cカセを引っ張り出した。修理が完了したナカミチ「ZX-7」で聞いてみる。オーディオショップ「ハイファイ堂」経由でナカミチに修理依頼していたデッキだ。ほぼ完ぺきに修理&再調整されて戻ってきた機材であり、私の仕事部屋のオーディオラックの定位置に戻って、この夏は私の部屋をいい音で満たしてくれた。いまだに修理を受け付けてくれるナカミチのサービス体制に感謝だ。

「ZX-7」は一九八一年の発売だから、設計は七〇年代のものだ。ボンネットを開けて中身をのぞき込めば、おびただしい手配線とIC化されていない回路が圧巻である。そして、四半世紀を経ても、いまだに修理可能であることに驚く。いっぽうのインタビューCカセは、段ボール箱での保存であり、温度と湿度をきちんと管理していたわけではない。それでもテープは品質を保っており、テープベースが伸び切ってしまったり重なり合った部分で磁気データが転写してしまったりということはなかった。

「すごいな、アナログ磁気録音は……いいかげんな保存状態でも、記録として残っているじゃないか！」

ふと思った。これから二〇年経ったとき、果たして現在のMP3フォーマットや「iPod」用のAACフォーマットのファイルが再生可能だろうか。途中でOS（オペレーショナル・ソフトウェア）の大変革でもあれば、再生不可能になるかもしれない。そう思うと、実態のない「電子ファイル」の危うさが怖い。Cカセに録音してあるFM放送のライヴ音源は大事にしないとな……。

階段下の物置にしまいこんであった段ボール箱を引っ張り出し、懐かしいCカセを何本か聴いた。一年ぶりのものもあれば、前回はいつ聞いたのかまったく覚えていないものもあった。ホコリまみれではないので、どのCカセもプラスチックケースはキレイで、見た目には保存状態も良さそうだ。そして、出てきた音もまずまずだった。

七〇年代後半の日本では、あらゆる産業分野で技術革新が進み、Cカセ・テープのベースとなる化学系フィルムと磁気記録材である磁性体もどんどん進化していた。その時代の、ちょっと高価なクロームテープやSONYのフェリクロームテープなどはもちろんのこと、ノーマルテープでも手を抜かないつくりであり、いま聴いても音がいい。

N響のライヴ録音テープが何本か出てきた。すべてNHK‐FMのオンエア番組であり、録音したデッキはティアック「C‐1マークⅡ」とインデックスに私自身が書き込んでいる。おお、懐かしい……たしかこのデッキは一九八一年の購入だったな。定価は二三万円くらいで、オプションのテストトーン・オシレーター（テスト信号発振器）やイコライザーカードやらと合わせて、頭金を三万円ほど入れて残りを月賦（つまりローンです）で払ったっけ。大学生から社会人になりたての時代にかけての私にとって二〇万円の月賦は、それこそ思い切った買い物だった。

しかし、人間の「慣れ」とは恐ろしいもので、一度経験してしまうと、将来の収入をアテにして月賦でモノを買うことに抵抗がなくなる。当時の日本にはクレジットカードはほとんど普及しておらず、買い物の際には面倒な書類をつくり、いちいち信販会社の審査を受けなければならなかったのだが、「C‐1マークⅡ」につづいてナカミチ「ZX‐7」もティアック「C‐3X」も購入、私室はカセットデッキの城と化していった。

「そうだ……まだあるはずだ」

実家に放置したままになっているティアックのカセットデッキ「C‐1マークⅡ」と「C‐3X」を思い出した。ティアックのホームページから修理相談のメールを入れると、「ヘッドはありませんが、それ以外の修理はだいたい可能です」との回答。ナカミチ「ZX - 7」の修理が完了したことで、気分はすっかり二五年前のCカセ・マニアと化していた私は、仕事を後まわしにして実家へデッキを探しに行った。

たしかに「C - 1マークⅡ」と「C - 3X」はあった。実家の屋上にある、私が大好きだったサンルームの片隅に放置されていた。ボンネットがサビている。よく見ると、ああ、こりゃダメかも……と思わざるを得ないようなコンディションだった。母が亡くなってから、おそらくだれも電源を入れていなかったはず。でも、液体はこぼれていて……いや、これは雨ざらしだ。サンルームの大きなガラス戸を開け放つと、デッキが置いてある場所には雨がかかる。以前はTAOC製オーディオラックの中に入れてあったのだが、ラック自体がなくなっている。

ああ、思い出した。そういえば重たいラックとオーディオ機材を処分していいかと父親に訊かれたっけ。「カセットデッキだけ取って置いてね」と告げたことを、いまになって思い出した。サビが浮いているデッキのボンネットを開けてみると、シャシーのところどころに水が溜まっていた。テープ駆動メカの周囲の配線だけはしっかりしているようだったが、ヘッドとその周辺もサビていた。

「これはもうダメだな……部品取りにもならない」

オーディオラックとアンプが処分されるとき、すぐにここへデッキを回収に来なかった

淡いベージュ(白ではない)のC-1フロントフェイス。現在のオーディオ機器には希な精密機械的デザインがいい。

自分がいけないのだ。だれのせいでもない。文化遺産的銘機「C-1マークⅡ」をダメにしてしまったと思うと、無性に代わりの「C-1」が欲しくなった。初代でもマークⅡでも、どっちでもかまわない。もう一度手に入れて、私が死ぬまで大事につかいたい。「ZX-7」修理がキッカケでCカセ・マニアのスイッチが入ってしまった私は、とりあえず「C-1」兄弟を探すことにした。

こういうときは連鎖的に物事が進む。ティアック修理センターのホームページに、整備済の「C-1」が商品として掲載されていた。さっそく電子メールで質問。つぎの日には返事が来た。いちばん心配なのはヘッドの状態だが、この機材のヘッドは「まだまだ充分に使用できる状態」との回答だった。モーターは、当時と同じ仕様のものはストックがないものの、たいがいの修理は可能だという。ただし代用品のため、オリジナルのモーターに比べると「うなりと振動は若干大きい」そうだ。

そうとわかれば迷わず購入だ。内部の回路は、私が知っている「C‐1マークⅡ」でもディスクリートで組んであるものが多く、専用ICは見当たらない。この時代のドルビーB回路はIC化されていない。つまり、手間はかかるけれど修理は可能。中古のCカセ・デッキに一〇万円は安くないが、銘機「C‐1」であることを思えば充分に納得がゆく。ついでに紛失してしまったテストトーン・オシレーター「TO‐8」と、クロームテープ用のバイアス／イコライザーカード「CX‐8」も中古品の在庫があるとのことだったのでオーダーし、到着を待った。

当時の「C‐1」系と「C‐2」は、テープごとのバイアス／イコライザー微調整はカード式の半固定抵抗で行なうようになっていた。新品デッキにはリファレンス・テープで調整したカードが付属しており、別売りの未調整カード「CX‐8」を購入すると、テープの特性に合わせたキャリブレーションが可能だった。ただし「C‐1」はコバルトテープ用の調整済カードのみが付属し、オプションカードはクロームテープ用だけ。私がつかっていた「C‐1マークⅡ」ではノーマルテープとクロームテープの調整がそれぞれ可能だったが、初代機「C‐1」はノーマルテープの調整ができない。

まあ、それでもいい。「C‐1」とピタリ合った特性のノーマルテープを探すのも楽しみだ。何より、私は自分が「C‐1マークⅡ」で録音したCカセを聴きたい。当時、細心

入手したC-1とバイアス／EQカードCX-8、テストトーン・オシレーターTO-8のセット。懐かしさひとしおである。

の注意を払いながら録音したアナログ盤やＦＭエアチェックのテープを、ふたたび当時のティアック製マシーンで聴きたい。そういう購入動機であり、不便は承知のうえである。

中古「Ｃ－１」の注文は、出張先の上海からｅメールで入れた。帰国が楽しみだった。そして、拙宅に届いた厳重梱包の段ボール箱を開けたとき、私が「秋葉原の香り」と呼んでいる電子機器特有のニオイとともに、外観程度良好な「Ｃ－１」が姿を現した。あらためて観察すると、その姿形はまるで測定器だ。仕事部屋のオーディオラックは満杯だったので、リビングに置いてあるターゲットオーディオ製ラックの天板上に起き、さっそくアンプと接続。電源をＯＮにして、オレンジ色がかった電球色に染まるＶＵメーターの窓をしばし眺めていた。マッキントッシュのブルーに染まるメーターはいつ見ても魅力的だが、電球色そのままのＶＵメーターもいい。

さて、音出し。

八一年七月二二日に埼玉県川口市民会館で録音された秋山和慶指揮Ｎ響のサン・サーンス「ヴァイオリン協奏曲第三番」。かつてＮ

HK‐FMの『NHKシンフォニー・ホール』という番組で八一年にオンエアされたものだ。二六年前のテープである。ちょうど「C‐1マークⅡ」を購入した直後のエアチェック・テープである。期待に胸を膨らませながら再生ボタンを押した。ちょっと眠たく、しかし硬めの音。まあ、はじめのうちはこうだろう。おそらくティアック修理センターで調整されて以降は音声信号が流れたことはないはず。エージングでどう変わるのかが楽しみである。

機材が暖まるにつれて、N響と勝負する藤川真弓さんのヴァイオリンが、くっきり浮かんで聴こえてきた。おもわずニヤリ。ノーマルテープでドルビーOFFという環境だが、ノイズはそれほど目立たない。ドルビーONのミュージックテープはどうだろう。段ボールの中からカール・リヒター指揮イギリス室内管弦楽団のテープを引っ張り出した。アルヒーフ／ポリドールのミュージックテープだ。ドルビーBをONにする。ノイズフロアがぐっと下がった。でも、なんとなくモヤっとした音だ。

「ン？　なんだ……これは」

音楽の背景にブツブツというノイズが入る。ノイズに合わせてVUメーターが振れており、「C‐1」から出ているノイズに間違いない。テープを止めてもブツッというノイズがたまに入る。ドルビーをOFFにすればノイズは完全に消える。致命的なトラブルではないが、翌日、ティアック修理センターにeメールを入れた。できれば再調整をお願いし

左下に大きなベルト駆動フライホイールとモーターなど駆動系、右側には録音・再生の信号系基盤が整然と並ぶ。

たい、と。

古い機材なので、経過する時間そのものがリスクであることは承知している。厳重な梱包だったが、輸送中の、ほんの小さなショックでドルビー回路内のハンダ付けが外れてしまうこともある。カメラでもオーディオでも、製造から時間を経過した中古品を手に入れるときには、この程度のリスクを覚悟しなければならない。ティアック修理センターからはすぐに「お詫び」のeメールが届いた。着払いで送り返してくださいとのことだったが、輸送リスクを避けるため持参することにした。

製造から四半世紀を経た「C-1」。ふたたびだれかの手に渡り、音楽を奏でる仕事をこなすための整備と調整が行なわれた場所を、私は訪れてみたかった。東京都西多摩郡瑞穂町。米軍横田基地の近くにあるサービスセンターまでクルマを走らせた。八王子方面への取材のついでに出向き、受付窓口の方に「C-1」を手渡し。「よろしくお願いします」と告げ、サービスセンターを後にした。

機材を里帰りさせた私は、横田基地の目の前を走る国道十六号線沿いに見付けたハンバーガーショップに寄った。基地の近所のこの手の店は、ほぼ間違いなく美味い。案の定、アメリカのダイナーで食べるハンバーガーの味を堪能できた。ついでに短いシガー(葉巻)を一本。

「それ、キューバ産か？　いい香りだぜ」

西海岸なまりの英語で、ウェイターのお兄ちゃんが話しかけてきた。

「ヨージャップ・メーン？」

肩が隠れるくらいのカーリーヘアで、白髪交じりのヒゲをはやし、日の高いうちから米軍基地のそばでシガーを吸う日本人は、たしかに少ないか……まさに、ここは日本にいるとは思えない状況だ。米軍基地とハンバーガーショップと、空を飛ぶ米軍のKC－10空中給油機。ウェイターのお兄ちゃんの西海岸なまり。英語で書かれたメニュー。里帰りさせた機材の「第二の故郷」は、こういう場所だったんだ、としみじみ思う。

「C－1」が設計された時代は、アメリカがベトナム戦争の泥沼からやっとの思いで這い出た直後である。日本は「安全」を得る代わりに基地を提供し、しかし世界中に自動車や家電製品をばらまくことに成功した。八一年のレーガン政権誕生、八五年のプラザ合意、八七年の世界的株価暴落。日本経済が荒波にもまれる直前の、少なくとも産業界にとっては穏やかな時代に「C－1」は生まれた。

キューバ産シガーを吸いながらKC‐10やC‐130の爆音を聞いていると、「ここって、本当に日本なのかな?」という思いがした。本土から遠く離れたアメリカの州。ハワイよりも西にある五一番めの州。中国の目の前にあるアメリカの防波堤。なにか複雑な気持ちである。

まあ、都心にいたのではまったくわからないような、そんな思いを感じることができたのだが、自分の手でここまで運んできてよかったのだな、と思った。「C‐1」は間違いなく日本の「誇り」だ。日本の「誇り」としての銘機を愛用しつづける気構えのようなものが湧いてきた。

あとは機材の帰りを待つだけだが、そんな時間も楽しいものだ。必ず帰って来る。ないものねだりの「アイ・ウィッシュ・ユー・ワー……」ではなく「ユー・アー」と言える「C‐1」を、私は手に入れた。

飾りじゃないのよ値札は

iPodの登場によって盛り上がったポータブルデジタルオーディオプレーヤー（以下PDAP）市場は、イヤホン／ヘッドホン、デスクトップ用スピーカーなど周辺機器の需要も拡大させた。家電量販店の売り場偵察を二ヵ月ほどサボっていた私は、年末商戦に向けていろいろと出そろってきたPDAP関連機材に足を止められ、数件の店を数日かけてハシゴする結果になった。予算は一回一万円。お金の価値が低くなったとは言え、オーディオ好きなら一万円でけっこう楽しめる。音楽ファンも楽しめる。そこが家電大国ニッポンの魅力だ。

「家電製品を買うなら、やっぱり年末か？」

「いや、年末のボーナス＆クリスマス商戦が終わった後の二月こそ、いちだんと値引きが進むんじゃないか？」

メーカーよりも流通のほうが圧倒的に力のあるニッポンの家電業界では、いつ製品を購入するかで支払い額がかなり変わる。

メーカー側は値崩れする前にモデルチェンジするが、旧製品の流通在庫がかなりあり、しかもその新型は「デザインがちょっと変わって、あまりつかわない余計な機能が増えた程度」だったりするから、旧製品になりたての時期をねらうと、かなりトクをしたりする。そうかと思えば、ライバル社の商品を見て、急きょ自社製品のモデルチェンジを早めたりするケースもある。家電製品の商品寿命はとても短い。

一定期間だけ生産し、どんなに売れていようが予定どおりにモデルチェンジする。これが家電メーカー方式だが、いまや家電製品と化したデジタル・コンパクトカメラにもこの図式が持ち込まれた。同じ製品はせいぜい一年しかつくらない。定期的にモデルチェンジする。常套手段は撮像素子の画素数を増やすことと、液晶モニターを大型化することだ。いまやコンパクト・デジカメの裏面は、操作ボタン類を隅っこに追いやり液晶画面が占領している。操作性よりも画面の大きさが「市場の声」だそうだ。新機能にしても、ニコンが顔認識を始めると各社がこれに追従するといったような似た者機能ばかりである。ついにメーカー名を言わせて「笑顔」をつくらせるという荒技にまで発展した。新機種投入は値崩れを防ぐ手段なのだから、新しければ何でもいいのだろう。

そもそも、ＣＣＤやＣ‐ＭＯＳセンサーのような撮像素子を、サイズを据え置いたまま画素数だけ増やしても、あまり意味がないはずだ。一画素の大きさが小さくなれば、記録できる画像のダイナミックレンジ（最少光量と最大光量の差）は確実に落ちる。それを画像処理コンピューターによる処理で補うわけだが、プロの世界でも五〇〇万画素あれば十分過ぎるのに、五〇〇万より六〇〇万、六〇〇万より一〇〇〇万のほうがエラいと思わせるあたりに、家電メーカーのしたたかさが伺える。ニコンやキヤノンは、こんな無意味な画素数戦争に巻き込まれないでいいはずなのだが、「画素数は関係ありません」と主張しないのは、自分で自分の首を絞める結果になるからだろうか。

ちなみに、私の専門である自動車の世界では、オートマチック・トランスミッション（自動変速機＝ＡＴ）の多段化に拍車がかかっている。トヨタがレクサスＬＳに八速ＡＴを採用した理由は、主要メカを変更しないで多段化できる上限が八速であるということだ。六速ＡＴのユニットをベースに八速化したわけだが、設計に携わったエンジニア諸氏は大変な努力をしている。ギア段数が増えると機械的な摩擦損失が増え、動力伝達効率は悪化してしまう。伝達効率をできるかぎり維持し、そのうえで日本のドライバーがつかう速度域でも八速化による燃費の向上という効果を得なければならない。油圧系や湿式クラッチの配置と数を工夫し、細かい部分の効率も見逃さず、アイシン精機／トヨタは世界初の八速ＡＴを完成させた。その努力には敬服する。

おもしろいもので、トヨタがやると「ウチは違った考え方ですよ」と、ＪＡＴＣＯ／日産が七速ＡＴで対抗した。恐ろしく緻密な電子制御のアイシン／トヨタに対し、ＪＡＴＣ

O／日産は人間が感じるドライブフィールの良さと燃費の両立を革命的アイデアで実現した。将来が楽しみなATだ。そして、欧州ではZFが、これまた違ったアプローチで八速ATを開発した。いかにもドイツ的な精巧で論理的なメカが売りで、むしろ制御は抑えてある。それぞれのアプローチの違いが興味深く、工業製品の進歩はテクニックだけではなく「哲学」でもあるという一面を、自動車用ATの開発競争に見ることができる。数字だけの多段化に終わっていないところがいい。残念ながら、デジカメの画素数戦争には哲学を感じられない。

それはさておき、最近の家電量販店めぐりで「おっ」と思うことは、SHARPの躍進だ。以前、SHARPといえば松下や日立よりも格下の二流メーカーだった。筆者は以前からSHARP製品愛用者だが、液晶テレビ「アクオス」のヒットで一躍「ブランド」の仲間入りを果たした。とくに亀山モデルを前面に打ち出してからは、洗濯機や冷蔵庫の分野でもブランド力が増し、SHARP製品の値段が高くなったように思う。「定価」がなくなりオープンプライスになった現在では、単純に値引き率を計算しにくいが、「SHARPだったらお安くしますよ」のようなセールストークを聞かなくなった。

それに比べて、私があれほど熱愛したSONYが、ここ数年はなんともだらしない。玄人好みのAV製品がなくなってしまった……。

ブランド力というものはじつに恐ろしい。同じ製造原価の製品を、ブランド料だけ上乗せできる。もちろん、ブランドになるまでが大変であり、初期不良発生率を極限まで抑え込み、生涯故障率も下げ、サービス体制は充実させ、お客様相談室の電話対応にも気を遣い、あらゆる面で顧客の信頼を得なければならない。ＳＨＡＲＰは「アクオス」で相当な努力をしたのだろう。「アクオス」がＳＨＡＲＰという企業のイメージを引っ張り好循環をもたらした。もっとも、いくら「アクオス」が売れたとしても、私自身は液晶で動画を見ようとは思わない。液晶は静止画が得意であり、動画は大のニガ手なのだ。

オーディオの分野でも、ＳＨＡＲＰは一ビットアンプを投入して一時的に話題を提供した。しかし現在は、ピュアコンポの高額一ビット製品は生産完了。ＳＨＡＲＰの名前では売れなかったのだろうか。富士通テンの目玉型スピーカー「エクリプス」シリーズとのコラボレーションで、デジタルアンプに特化したブランドとして新ロゴの「オプトニカ」を復活させればいいのに……と思っていた私としては、ひじょうに残念だ。

そんなことを思いながら有楽町の家電量販店をぶらぶらしていると、足は自然とテレビ売り場、冷蔵庫売り場からＰＤＡＰ売り場へと向いてしまった。オーディオ好きにとっては桃源郷のような風景が、そこには広がっていた。新発売の正方形ｉＰｏｄナノがずらり並んでいる。いつもながら色づかいがニクい。ワンセグチューナー付きのＳＯＮＹウォークマンもあるが、テレビ放送にほとんど興味がない私には猫に小判だな……視線はイヤホン／ヘッドホンの陳列コーナーへと向けられた。

ＰＤＡＰがブレイクしてからは、イヤホンの売上も拡大しているそうだ。イヤホンと言っても、昔のラジオに付属していたような「音は出ますよ」というものではなく、耳に入れるタイプのヘッドバンドのない小型「ヘッドホン」である。かつて高額商品はシュアーやエティモティックリサーチなど海外メーカーのものばかりだったが、このジャンルが「売れる」とわかってからは日本のオーディオメーカーも品ぞろえを強化してきた。三万円台の製品も当たり前になった。

この日、私はシュアーのイヤホン「Ｅ３ｃ」を第二世代ｉＰｏｄとともに持参していた。試聴可能なイヤホンが並んだ棚の前に陣取り、順々に同じ曲を聴いてみる。

クラシックはノイマン指揮チェコフィルのドヴォルザーク交響曲第九番、言わずと知れた『新世界』の第三楽章。九三年十二月のワンポイント・ステレオマイクによるドヴォルザーク・ホールでのライヴ録音。ホールトーンが美しい録音で、オーケストラならではのスケール感をベースにそれぞれの楽器の存在感がくっきりと描かれている。冒頭に飛び出してくる音のカタマリ、その後に続くフレーズの中でティンパニーの連打とバックで鳴っている管楽器の分解能を聞き比べる。音が団子になっていないか、楽器の音色はちゃんと出ているか。

ジャズはマイルス・デイビスのアルバム『カインド・オヴ・ブルー』の中の『ブルー・イン・グリーン』を聴く。マイルスのミュート・トランペットとジョン・コルトレーンのサキソフォンが渡り合う静かな緊張感と楽器の余韻。一九五九年という古い録音だが、SONYのリマスター盤で聴くと、まるで彼らが現在のミュージシャンであるかのように鮮烈だ。

まずは一万円そこその二機種を選び、続いて最高額の五万円台の機種。そのあとは三万円台……と、ランダムに取り上げてはiPodに差し込んだ。この手のイヤホンをつかうシチュエーションと言えば、移動中の新幹線や飛行機の中か、あるいはコンピューターを持って仕事をしに出掛けるカフェ。歩行中や都内の短距離電車移動では「ながら聴き」をしないので、わりと音楽に聴き入ることが多い。何はともあれ、聴き疲れしない音であることが、私にとっては最優先である。

これは装用感も含めての「疲れない」「不快感がない」であり、耳道挿入型は苦にならないが、耳に掛けるタイプはどうも好かない。眼鏡着用者であることも影響しているとは思うのだが、耳掛け式ヘッドホンの「耳掛け」は荷重が一か所または二か所に集中してしまうものが多い。かたや耳道挿入型は、パッドと皮膚の間のフリクション（摩擦抵抗）で固定するため、かえって広い面積で接しているほうが気にならず、遮音効果も高い。

店頭に並べられていた五万円台から一万円そこそこまでの製品をぜんぶ聴きくらべると、一時間ちょっとが経っていた。気に入ったものをふたたび試聴。値段のわりに気に入ったのはDENONの「AH-C551」だった。税込みのメーカー希望小売価格一万二六〇〇円に対し九〇〇〇円台前半。密閉型である。DENONのイヤホンというの

DENONのイヤホンAH-C551。家に帰ってまず聴いてみたのは、懐かしいSONYのカセット・ウォークマンだった。

は初体験であり、出てくる音は「これで充分だな」と思わせてくれるものだった。ロックを聴くと、けっこういい。さっそく購入。

実売一万円以下のイヤホンでは、シュアーの旧製品「E2c」が気に入っていた。〇三年秋の日本発売時に購入して以降、四セットをつかい、そのうちの一セットは「クラシックジャーナル」の中川編集長に差し上げたが、まだつかっていただいているようだ。よく聴き込めば大雑把な音のまとめ方なのだが、中音域が充実していて音楽の骨格部分はよくわかる。

思い起こせば、〇三年当時に日本の家電量販店や楽器店で入手できる「まともな音」のインイヤー型イヤホンといえば、シュアーとエティモティック・リサーチくらいのものだった。日本製は耳道入り口に引っ掛けるタイプばかりで、ぐいぐいと耳穴に挿入するタイプは存在しなかったように記憶している。現在の商品充実は、やはりｉＰｏｄをはじめとするＰＤＡＰ市場の拡大がもたらしたものだと言っていいだろう。

まったく買う予定はなかったのに、ついＤＥＮＯＮのイヤホンを購入してしまった。「買おう」と決断するだけの理由があった。「無駄遣いは一万円までだからね」という自分で決めたルールの範囲内だ……と自分で言い訳。

イヤホンの世界は、五〇〇〇円以下と一万円とでは音に雲泥の差がある。ＰＤＡＰの音が気に入らないとおっしゃる方は、ぜひ付属のイヤホンをグレードの高いものに交換してみていただきたい。私も最初は「圧縮デジタル音はイヤだ」という感想を抱いたが、コンパクト・デジカメほどの大きさの中にＣＤ一〇〇枚以上の音源を収容できる便利さを讃えようという発想に切り替えた。切り替えてしまえば楽だ。

ＤＥＮＯＮのイヤホンを購入した数日後、ひさびさにカメラのフィルムを買いに新宿へ出掛けた。とっくの昔に仕事の写真ではフィルムをつかわなくなったが、いまだにフィルム式のコンパクトカメラを持ち歩いている私だから、たまに仕入れないといけない。ＦＵＪＩのネガカラー「プロ４００」とＫＯＤＡＫのエクタクロームＥ１００ＶＳを仕入れ、ついでにレンズクリーナーやらボタン電池やらを購入。その足でオーディオ機器売り場へと向かった。

人でごった返す携帯電話やプリンターの売り場とは打って変わって静かな、つまり人がいない売り場である。奥にあるスピーカー陳列コーナーからはクラシックの楽曲が流れてくる。じっくりとスピーカー選びをしている男性客がいた。私のお目当てはアナログレコー

シュアー M44Gと手持ちのオーディオクラフト製ヘッドシェル。手製リード線をつくる楽しみを味わうセットだ。

ド用のフォノカートリッジ。いままでに一〇個以上は買っているシュアーの「Ｍ４４Ｇ」である。昔からロックを聴くには「コイツだ！」と思って買い続けてきた。恐ろしいくらいの定番商品であり、いまだに七〇年代ロックを聴くには最高のアイテムだと思っているので、二年に一度くらい本体を買い替えている。交換針はいくつ消費しただろうか……。

　何といっても値段が安い。この店では五〇〇〇円を切るのだ。ついでに、フォノカートリッジとシェルをつなぐ結線を自作するため、山本音響工芸から発売されている端子セット「ＹＲＴ‐０１」を購入する。市販のリード線ではなく、この端子セットをつかってリード線を自作するのが私の楽しみでもある。「Ｍ４４Ｇ」と合わせても七〇〇〇円以下。ヘッドシェルは、手持ちのストックがたくさんあるオーディオクラフト製をつかっている。上下に位置決めピンが付いたタイプだ。

　最近のお気に入りは、ＷＥ（ウェスターン・エレクトリック）やＢＥＬＤＥＮのヴィンテージ線だ。ＴＭＤの畑野さんに譲っていただいた一九二〇年代から四〇年代の単線を、おもにつかっている。当初私は「ズ太い音」を想像していたが、これがなかなか奥が深い。滅多にない仕事の合間を三年ぶんほどを費やしてピンケーブルやフォノカートリッジ用リード線をそれぞれ五〜六本自作したところ、大入力をどこまでも吸収してしまいそうな、恐ろしいくらいの減衰力を持った線があったし、恐ろしく解像度の高い、ゾクッと寒気のするような線もあった。意外や意外。アンプの内部配線をすべてヴィンテージ線でやり直してみようかと思ったくらいだ。

で、もっと驚いたのは、ハンダで音が変わることだ。もちろん、アンプやスピーカーのネットワークを自作したときにハンダの不思議を思い知らされていたし、オーディオメーカーのエンジニアの方々からは「製品につかうハンダ選びの難しさ」をうかがっていた。しかし、フォノカートリッジのリード線ともなれば、ごく短い電線とハンダと端子材しか存在しないから、ハンダの「音色」がてきめんに出る。同じヴィンテージ線から二組のフォノカートリッジ用リード線をつくり、ハンダだけを替えてみる実験をしたときは、本当に驚いた。

どのヴィンテージ線にどのハンダをつかえばいいかという組み合わせ決定の作業も楽しいだろうな……しかし、いつも仕事に追われている身の私には、そんな時間の余裕はないし、退職金がないフリーランスの「もの書き」は死ぬまで仕事をし続けなければ生活費を得られないから、引退後という時間もない。とくにこのごろは、年末年始の二日間ほどを仕事ではない「オーディオ趣味」に充てるのが精一杯という状態だ。

そうだ、スピーカーケーブルも買わないと！　まる二日オーディオいじりができるなん

オーディオクエストの単線４芯タイプのスピーカーケーブル。さて、どんな音を聴かせてくれるだろうか。

て年に一度だ。一月三日からは原稿を書き始めないと新年早々の締め切りに間に合わないから……と頭で考える。

　直近に購入したケーブルは、オーディオテクニカの一・二ミリ単線ＯＦＣ（無酸素銅）タイプの「ＡＴ－ＥＳ１４００」だった。〇六年秋の新製品であり、家電量販店での実売価格はメーターあたり一〇〇〇円ちょい。個人的には「単線」ケーブルが好きで、しかも四メートルで一万円程度までがスピーカーケーブル購入価格の上限と決めているので、選択肢はあまりない。それでも、つねに安価な単線タイプは発売されている。今回は、気になっていたオーディオクエストの単線四芯タイプを購入。メーターあたり八四〇円という、オーディオマニアを自負する人たちには無視される価格帯の製品だ。

　シュアー「Ｍ４４Ｇ」と端子セット「ＹＲＴ－０１」とオーディオクエストのスピーカーケーブル四メー

ターでほぼ一万円。これは楽しめる「一万円セット」になるに違いないぞ。スピーカーケーブルは単線もの四タイプの聴き比べをやってから、バイワイヤリングで一セット同時接続もやろう。これだけでまる一日楽しめるな。

二日後にふたたび新宿。取材帰りのためカメラを持っていた私は、自然と中古カメラ店へ吸い込まれていった。九〇年代に一大ブームを迎えたクラシックカメラも、現在は落ち着いている。最近の私はライカMマウントのレンズではなく古いニコンマウントのレンズにハマっている。現在のレンズに比べカラーネガフィルムでの発色にやや問題あり……というレンズをわざわざつかい、カラーネガで撮る。色の暴れ方が楽しみなのだ。

レンズの前にカメラボディを物色……とショーケースをのぞき込んでいると、ニコン初のワインダー内蔵一眼レフ、オートフォーカスに移行する直前に発売された「F－301」が目に着いた。値札を見ると、これが一万円しないではないか。ニコンのフィルム一眼レフは十数台を手元に残してある。「F3」以降のモデルは新品で入手したが、魅力を感じられず、買おうと思わなかったのが最新機種「F6」である。最近ナゼか欲しいと思っていたのは、人気のない旧機種「F－301」。目の前に格安品がある。

「すみませーん」

私は店員さんを呼んでいた。そうだ、ニッポンは家電大国であると同時にカメラ大国でもあったのだ。

ピーチのモーツァルト

デジタルオーディオになったらプレーヤーによる音の差はなくなる――CD登場前夜には、こんな話が飛び交った。しかし事実は違った。プレーヤーごとの音の違いは明確だった。ピックアップ設計やデジタル／アナログ・コンバーターの方式、筐体設計の思想、アナログ出力回路の設計……アナログプレーヤー同様に、デジタル機器にも「0と1」以外の要素が影響してくることが確認されたのである。ハイエンド機だけでなく普及価格帯製品でも表現への挑戦が行なわれ、素晴らしい製品が生み出された。九〇年代前半は、いま思えばヴィンテージイヤーだった。

クルマに小さいほうの愛犬を乗せて秋葉原のハイファイ堂へと向かったのは、〇七年の大晦日だった。麻布十番の『ざ酒屋』で秘密のシャンパンを仕入れ、早稲田の『ちくま』で蕎麦を仕入れ、浅草は松が谷の『L・W・A・N』で葉巻を仕入れ……という大晦日の買い物を済ませ、お目当てのマランツ「CD‐72a」を引き取りに出掛けた。九三年発売のCDプレーヤーである。ハイファイ堂のホームページ（http://www.hifido.co.jp/）の中古在庫をチェックしていて「CD‐72a」を見付けたのは二〇〇七年一二月三〇日。すぐにメールで購入の意志を伝えた。「メーカーメンテナンス済み」で二万九八〇〇円。フィリップス製のスウィングアーム式ピックアップ「CDM4M」を清掃・調整し、基盤はハンダ部分の点検、演奏するCDをプレーヤー内部へと引き入れるためのローディング機構は駆動ギアとベルトを新品に交換……という、私にとっては願ったりの出物だ。

発売から一四年ほどが経過した販価七万五〇〇〇円のCDプレーヤーを、中古機材として二万九八〇〇円で購入するなどということは、ふつうの人なら考えないだろう。販売にあたって正規のメンテナンスを受けたとは言っても、とっくの昔に製造が打ち切られ、しかも外観はけして良くはない。あちこちに擦り傷があり、塗装が剥げ落ちているところもある。それでも、私にとっては「見付けた！」と小躍りするほどの機材だった。一二月三一日に購入したことで、なにかとても幸せな一年だったな、と思えた。

同じ機材は手持ちが二台。これで三台目だ。一台は新品で購入、二台目はオーディオユニオンで中古を購入。つねにどちらかが居間で音楽を奏でている。そこに仲間が加わった。ボディカラーは三台ともシャンパンゴールドでおそろいだから、三号機が導入されて、たまに機材が入れ替わっても、妻はまったく気付かないだろう。彼女は音楽さえ聴くことができればそれでいい（それがいちばん幸せなのだろうな、と思う）。しかし、オーディオ・

コンポーネンツと再生音との関係をあれこれ知ってしまったがために、私はこういう買い物ばかりしている。

マランツのCDプレーヤーは、第一号機である「CD－63」からつねに気になる存在だった。CD＝コンパクトディスクというフォーマットの生みの親は、日本のSONYとオランダのフィリップス。私はSONYの一号機「CDP101」を真っ先に購入したが、音は気に入らなかった。続けて購入した「CD－63」の音には満足できた。マランツの音を「音楽」だとすれば、SONYのそれは、単なる音声信号だった。アナログ盤よりも優れていると思えたのは、スクラッチノイズが入らないことだけだった。それ以降、しばらく私はSONYのCDプレーヤーから遠ざかってしまった。

後で知ったことだが、そのマランツは当時、フィリップス社の支配下だった。一九五三年にニューヨークで設立されたマランツ・カンパニーは、その一一年後の一九六四年に米スーパースコープ社が筆頭株主となったことでスーパースコープ傘下となり、この支配関係が七九年まで続く。しかし、CDが登場する二年前、一九八〇年にスーパースコープ社は、米国とカナダを除く全世界での「ｍａｒａｎｔｚ」ブランドの使用権と販売権をフィリップス社に売却した。同時に日本のマランツ商事は日本での営業権をスーパースコープ社から取得する。ここから新しいマランツの時代が始まる。「CD－63」は、その新生マランツが開発したものだった。

「ＣＤ‐６３」につかわれていたレーザー光による信号読み取り装置（ピックアップ）は、アナログレコードを再生するプレーヤーに取り付けられていたトーンアーム同様に、明確な支点を持って円弧状に動くスウィングアーム式だった。デバイス名「ＣＤＭ０」。いっぽうＳＯＮＹはレールの上をピックアップが水平移動するリニアトラッキング方式ピックアップ。機械好きの大学生だった私は、リニアトラッキングという方式に魅力を感じ、しかもスライドトレイ方式のためにアンプ同様のオーディオラック内設置が可能だったＳＯＮＹの「ＣＤＰ１０１」を購入した。本体はすでに廃棄してしまったが、記念に取扱説明書だけとってある。せり出してくる引き出しのようなトレイにＣＤを乗せると、それが機械の中に吸い込まれてゆき、音楽再生が始まる。レコード針の掃除も、針圧調整も、盤のホコリ取りも要らないＣＤは、オーディオショップのショールームで見ているかぎりでは、本当に魅力的な機械だった。

ところが、音がどうも気に入らない。「マランツのほうが音はイイよ」と聞き、私は「ＣＤ‐６３」を購入した。それ以来、スウィングアーム式ワンビーム・ピックアップのファンになった。ピックアップだけで音が決まるはずはないのだが、某オーディオショップで「ＣＤ‐６３」のボンネットを開けて見せてもらったとき、いかにも丈夫そうでお金がかかっていそうな、がっちりした体躯の「ＣＤＭ０」に一目ぼれだった。

今回、入手した三台目の「ＣＤ‐７２ａ」には、スウィングアーム式ピックアップ「Ｃ

フィリップス製のスウィングアーム式ピックアップ「CDM4」。対物レンズ部が円弧状に動くようになっている。

ＤＭ４Ｍ」と、これもまた私のお気に入りであるＤＡＣ（デジタル・アナログ・コンバーター）「ＴＤＡ１５４７」がつかわれている。通称ＤＡＣ７と呼ばれるチップだ。私が、自分のオーディオ装置で聴くＣＤの音に初めて身震いしたのは、アキュフェーズのセパレート型、ＣＤトランスポート「ＤＰ‐８０Ｌ」と、ＤＡＣユニット「ＤＣ‐８１Ｌ」の組み合わせを九一年に購入したときだったが、その二年後にマランツ「ＣＤ‐７２ａ」を手に入れたときには「ああ、これでいいかもしれない」と思った。その音こそは、スウィングアーム式ピックアップとＤＡＣ７が奏でるものだったのである。

いまでも「ＣＤ‐７２ａ」の音は好きだ。中音域に音のエネルギーが集まっていて、音楽の骨格部分をしっかりと描いてくれる。高域のエネルギーは少しずつなだらかに減少し、しかもだんだんと表現が柔らかくなる感じだ。けして線が細いわけではなく、適度につやのような演出が乗るように聴こえる。低域も適度に厚い。どっしりと腰がすわった感じではないが、かといって薄口ではない。全域フラットではないからおもしろく、低域と広域が減衰される人間の耳の特性に近いように思う。

とくにクラシックがいい。大編成オーケストラよりも、たとえばモーツァルトの初期交響曲のような小・中規模編成でのアンサンブルがキュートだ。クラリネット五重奏曲もいい。アイドル好きの私は、松田聖子のヒット曲にひっかけて「ピーチのモーツァルト」と呼んでいる。なんとも言えず上品でほのかな香りを漂わせる白桃のような音。だからピーチ。しっとりとしていて、しかし軽快なモーツァルトの楽曲をキュートに聴かせてくれる。シャンパンに、スパークリングワインではない本物のシャンパーニュに、白桃の果汁を混ぜたカクテルのような暴れのない味わいだと私は思う。なぜ、これほどの音のCDプレーヤーがラインナップから消えてしまったのか、不思議でならない。

もっとも、ボンネットを開けてみれば、コストをかけるべきところにしっかりとかけた設計であることがわかる。それが徒になったのかもしれない。CDM4Mを中心としたトランスポート部とフロントパネルの操作部、それと音声信号をあつかうDACおよび信号増幅回路とが分離された構造は、言ってみればCDプレーヤーの常識だが、「CD-72a」はそのコンストラクションが美しい。信号系の基盤と電源部は、それぞれが銅メッキされた鉄板ですっぽりと覆われている。増幅部には、マランツ自慢の電圧増幅モジュール「HDAM」が左右チャンネルにひとつずつあてがわれている。一時期、私が溺愛していたフィリップス本家のCDプレーヤー、九一年発売の「LHH700」に注がれたエッセンスを、コストが許すかぎり取り入れたような構成である。

スウィングアーム式ピックアップとフィリップス流DAC素子。CDの歴史を語るとき、このふたつはエポックメイキングなデバイス群として忘れてはならないものであり、二〇〇〇年までつづいたフィリップス・マランツの時代に両ブランドから登場した「音楽性」再現装置としてのCDプレーヤー群がいまでもオーディオファンに愛されている理由もここに行き着く。デバイスが音を変えることを、まざまざと見せつけてくれた。

もちろん、人それぞれに好き嫌いはあるから、絶対的にこれが優れているという意味ではない。フィリップス・マランツにハマったファンのひとりとして、こういう音を奏でてくれるCDプレーヤーがまっさらの現行商品としてあったらなぁ、と、正直に思う次第である。ピックアップがジャンパンで、DACが白桃。組み合わされることで美味しさが二倍ではなく三倍、四倍になるマジック。最新のSACD最上級機が聴かせるリアリティは鳥肌が立つほどだが、そうではなく、適度に甘美な演出が心地よかった。

さらに言えば、ビットストリーム式のDAC7が登場する以前にフィリップスおよびマランツの両ブランド上級モデルにつかわれていたマルチビット式TDA1541。八五年発売の「CD‐65」に始まり、熱狂的ファンを獲得した「CD‐95」シリーズや、いまでも私が「買っておけば良かった！」と後悔している九八年発売の「CD7」などにつかわれていたデバイスである。音の輪郭をなぞる日本画的な繊細さではなく、濃淡と陰影で描く油絵のような濃厚さを持ちながらも、水にサラッと溶けてしまいそうな「はかなさ」まで見せてくれる、ある種の不思議さを備えた音を聴かせてくれた。フィリップス開発陣が素材としてのDACに注いだ執念を、マランツというシェフが自由自在に調理した味とでも言おうか、これもまた、消えてしまったのが惜しいデバイスである。

幸い、まだ中古市場にはスウィングアーム式ピックアップとDAC7およびTDA1541を組み合わせたCDプレーヤーは少なからず残っている。補修部品の在庫はほとんどないようだが、メーカー自身ではなく一部のオーディオショップとマニアのストックに頼れば、ヘヴィーなメンテナンスもOKのようだ。私もここを頼りにしている。

大晦日に仕入れた三台目の「CD－72a」で二〇〇八年の「聞き初め」を楽しみながら、フィリップスとマランツの技術資料をひっくり返して正月の一日を過ごした。そして、このCDプレーヤーの音を聴くといつも引っ張り出したくなる日本製のTDA1547採用機を、オーディオラックにセットした。ケンウッドが九四年に発売した「DP－7060」である。

販価六万円ながら、音楽を楽しく聴かせてくれる優秀なCDプレーヤーだ。微小信号をじつにきれいに再生してくれるD・R・I・V・Eという回路をデジタルフィルターとDACの間に入れた、その後しばらくケンウッド製CDプレーヤーの標準構成となるシステ

中央部にある細長いチップが TDA1547。右手にふたつ見える四角いシールドに入った部品がＨＤＡＭ。

ムを搭載する。ピックアップはスウィングアーム式ではなく一般的なリニアトラッキング式だが、私がＴＤＡ１５４７の音色キャラクターだと思い込んでいる部分はきちんと引き継いでいる。こちらはピーチのモーツァルトではなく「鴨南蛮のマーカス・ミラー」と呼んでいる。

音色は暖色系。低音は、この価格帯のＣＤプレーヤーとしては異例なほど制動が効いている。ブカブカにならずけっこう締まっている。高音域は、透明度が高いが冷たくはなく、ギスギスした音はほとんど出さない。中音域は「ＣＤ－７２ａ」より薄口になるが、そのぶん、低音から高音まで均等にエネルギーを配分している印象だ。二律背反的な表現をうまくこなすから、鴨とネギの味がしっかり移った濃厚つゆで、あっさりした蕎麦のキャラクターを包んでいる鴨南蛮を連想させるのだ。

超絶技巧のジャズベーシストであるマーカスのアル

バムは、かならずと言っていいほどオーディオ誌の優秀録音盤にカウントされる。深々として締まった超低域から倍音成分が溶け込んでいる超高域まで、レンジはじつに広大であり、鋭い立ち上がりの音がそこかしこにちりばめられている。再生装置に闘いを挑んでいるかのような茶目っ気たっぷりの録音だ。五万九八〇〇円あたりの普及価格帯CDプレーヤーだと、ただ耳にうるさいだけの音になってしまうことが多いのだが、「DP-7060」ではフィリップス製TDA1547とD・R・I・V・Eの共同作業により「深み」の域まで見せてくれる。とても六万円とは思えない。価格の二倍、いや、音のニュアンスの出し方についてはそれ以上の価格帯の製品にも負けない実力を備えている。

当時のケンウッドがどのように音決めを行なったのかは定かでないが、九〇年代半ばの同社はTDA1547に惚れ込んでいたように思う。数機種でこのデバイスをつかいつづけた。おそらくフィリップスからの調達が不可能になるまでつかったと思われる。フィリップスおよびマランツとは組み合わせるデジタルフィルターの種類が異なるが、かつてハイエンド機を持っていたケンウッドが、その音づくりを普及価格帯で思い切り発揮したような気迫をひしひしと感じる音だ。一三年を経過した現在でも、この音はスゴいと思う。

これはもう、価格の壁を破ったなどというレベルの音づくりではない。オーディオ・メディアが自己保存の手段として守りつづけている「音質評価と製品価格のリニアな関係」を横目で見ながら、ククククッと小さく笑った音だ。大上段に構えてあざ笑うとカドが立つ

同年代に同じ素子をつかって日欧から登場したＣＤプレーヤー。暖色系の再生音である点は共通している。

が、ブン殴るのではなく、ちょっとくすぐっただけだから「いたずらだよ〜」で済む。同社が現在展開するシリーズにも、そんな茶目っ気があるから、これはハイエンド機への復帰を封印してしまった会社の方針に対する現場（開発、購買から営業まで）からの無意識の圧力かもしれない。

ケンウッド「ＤＰ－７０６０」を引っ張り出したついでに、アンプも同世代に換えてみたくなった。まずはパイオニアの「Ａ－ＵＫ３」。販価四万五〇〇〇円で九三年に発売された実力機である。同年代の手持ちスピーカーとなると、手持ちはアクースティックラボ「ボレロ」しかない。これだと、アンプとＣＤプレーヤーの合計値段の二倍以上であり、ものすごい価格アンバランスなセットになるが、そんなことはお構いなしに音楽を鳴らしてしまおう。回路内ではコンデンサーの劣化が始まっているはずで、コンディションは悪くなる一方だと思うが、最新機種のオーディオコンポーネンツと聴き比べても、ちゃんと主張を持った音を堂々と聴かせてくれる。

いや、むしろ九〇年代前半の製品のほうが

主張は強い。バブル崩壊を受けてあらゆるジャンルの商品で企画の見直しが行なわれ、とくに家電製品で原価低減が大命題となったのが九三年あたりだ。しかし、バブル期に定着してしまった贅沢設計というイナーシャが衰えるまでには時間がかかった。オーディオ機器について言えば、むしろ「売れなくなる」ことに対する危機感が大きかったと思う。九三年から九五年にかけての普及価格帯製品には力作が多い。

最近の一～二年は、かつてオーディオ製品で頑張っていたメーカーが「ピュアオーディオ回帰」などとうたい、オーディオ・メディアは記事仕立ての広告（いわゆるペイドパブ）も織り交ぜながら市場を盛り上げようとしている。仕事から解放された団塊世代向けに中高額製品が売れるとの期待からだが、じっさいはどうなのだろう。私の専門である自動車では団塊効果がほとんど期待外れであり、日本の自動車メーカーは海外での利益に頼っている。「若者の自動車離れ」（というのは自動車メーカーの言い訳だが）に加えて「団塊からも反応がない」と、販売部門はもらす。オーディオ製品でも「あのころの音」を思い出させようという仕掛けが多いが、思惑どおりに売れているのだろうか。

九三年ごろの普及価格帯オーディオ・コンポーネンツを買っていた人びとは、五〇歳代になった私のような年齢層ではなく、もうすこし若い世代だろう。いま六〇歳の方がたがオーディオに投資していたのは一九七〇年代前半あたりだ。ＹＡＭＡＨＡがプリメインアンプの新製品「Ａ‐Ｓ２０００」を発売したとき、私はおもわずニヤリとしてしまったが、七〇年代CAシリーズの面影をほどよく残しながらも新しさを兼ね備えたスタイリングに「やるなァ！」と思った。まだ音は聴いていないが、ひさびさに気になって仕方ない新製品だ。これこそは「かつてオーディオにのめり込んだ人」への訴求を主眼に置いた商品企画であり、今後の売れ行きを見守りたい。

七〇年代中期は普及価格帯オーディオのヴィンテージ・イヤーだった。しかし、この時代の音を覚えている人は、もうオーディオメーカーにはほとんどいない。マニアだけだ。九〇年代前半の音づくりを覚えている人は、まだ現役を離れていない。フィリップス時代のマランツの音については、オーディオ専門店からオーディオメーカーまで隠れファンは多いと聞いている。だったらもういちど、ああいう暖かい音づくりを……と私は思うのだが、経営陣はどう考えているだろう。D&Mホールディングス傘下にはDENON、マランツ、マッキントッシュなどが名を連ねているが、どのブランドの新製品にもあまり魅力を感じないのはナゼだろう。

オーディオは欲望の商品である。作り手の欲望が利益だけになったら廃れる。音楽再生インフラをめざすような類いのオーディオ機器、投資家の欲望を満たすだけのオーディオ機器では、マニアの欲望は満たされない。こんなことはみんなわかっている。財務指標しか気にしないようなCEOやCFOを除いては、ですがね。

スプリング・イズ・ヒア

暖かくなると、ナゼかカセットテープを聴きたくなる。往年のウォークマンを引っ張り出し、Cカセ、いわゆるフィリップス・フォーマットのコンパクトカセットに音楽を詰め込んで、まだ少し肌寒いカフェのテラス席や、眺めのいい高層階のバーに出掛ける。春の号では必ずと言っていいくらい屋外ナマ録特集やカセットデッキ特集が載っていた時代のオーディオ雑誌を愛読していたことによる刷り込みだろうか。しかし近年は、Cカセとデジタルオーディオとが頭の中でリンクしてしまうようになった。もう純粋なCカセ・ファンには戻れないだろう。

発売日に新製品を購入したのはひさびさだった。SONYのデジタルウォークマン「NW‐E026F」。たまたまこの日、有楽町の某家電量販店にデジタルカメラ用品を買いに出かけたのだが、お目当ての品を買う前に寄り道をしたオーディオ製品売り場に「本日発売で～す」と威勢のいい声が響いていた。思わずその声の主である店員さんがいる場所

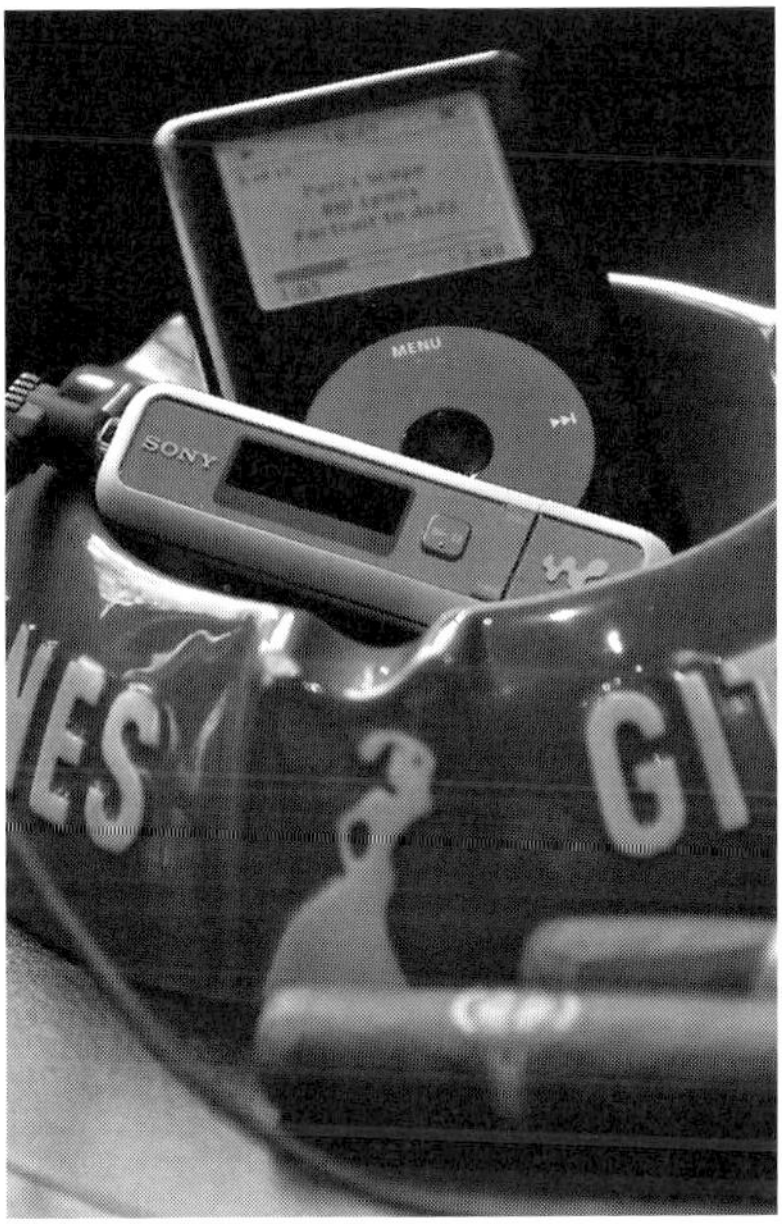

第４世代 iPod「U2」エディションとデジタルウォークマン NW-E026F。記憶容量はまったく違うが、サイズもまったく違う。

に吸い寄せられ、四ＧＢ容量でホワイト＆ピンクのボディを買ってしまった。いわゆるＰＤＡＰ（ポータブルデジタルオーディオプレーヤー）はアップルの「ｉＰｏｄ」やケンウッド製品など合計十数台愛用している。ＳＯＮＹ製品と言えば、数年前にデジタルウォークマンを購入して以降はまったく縁がなかったのだが、元気いっぱいの店員さんが的確に商品の特徴を教えてくれたので、つい買ってしまった。

そう、テレビＣＭは商品への興味を植え付け存在を知ってもらうのに役立つが、じっさいにモノを売る力は現場にある。「売り場」が大事なんですよ。これは逆の意味でもね。ロクでもない商品が売れてしまうのもまた、販売現場の力ということです。

さっそく手持ちのウィンドウズ・コンピューターに「ＮＷ－Ｅ０２６Ｆ」をつないでみた。まず、付属のソフトウェア「ソニックステージ」をＰＣにインストールする。このソフトウェアを介して楽曲をＰＣからデジタルウォークマンに転送したり削除したりする。「ｉＰｏｄ」で言うところの「ｉＴｕｎ es」の役目を果たすのが「ソニックステージ」である。インストールは簡単。その後のセットアップも数分で完了。インターネットに接続すれば、音楽配信サイトからのダウンロードも簡単にできる。しかし、残念ながらマッキントッシュではつかえない。SONYのデジタルウォークマン・シリーズはウィンドウズマシンにのみ対応している。

デジタルウォークマン本体は、ちょうど「百円ライター+チューインガム二枚」程度の大きさである。すべてのコーナーに大きめのR（アール）処理が施されており、カラーディスプレイの小窓がある。これに長いブームを合体させればデジタル体温計だ。スイッチ類は、ディスプレイ面に「再生／ポーズ」ボタンと「順送り／逆戻し」のシーソーボタン、ディスプレイを正面に見たときの上側面には「プレイモード／サウンド」「曲目フォルダー／ファンクション」の小ボタンと「ボリューム」のシーソーボタン、下側面には「ホールド」のスライドスイッチ、以上合計四つ。もっとも面積の小さな面にはヘッドフォン端子が位置し、その反対側はキャップを外すとUSB端子がある。

そのUSB端子をPC側のUSBポートに差し込むだけで、デジタルウォークマンとPCとの間でデータのやりとりができる。ちょうどUSBメモリーをあつかう感じだ。見方を変えれば「再生回路と極小出力アンプを内蔵したUSBメモリー」であり、大ヒットした「iPod シャッフル」と同様に機械動作を完全撤廃したデジタルプレーヤーである。しかもFMチューナー内蔵だから、これ一台で退屈しない。最近は良質な音楽番組がFM

厚手の百円ライターほどしかない筐体にＦＭチューナーも内蔵するNW-E026F。トップパネルとキャップは別売品に交換して遊べる。

電波に乗ること自体がめっきり減ってしまったが、このサイズの中にＦＭチューナーを内蔵していることは、私のように巨大なラジカセに慣れ親しんだ世代にとっては驚きである。

ソニックステージをつかって、まずはＣＤを取り込んでみた。デジタル化のフォーマットはＭＰ３／ＷＭＡ／ＡＴＲＡＣ／ＡＡＣそしてリニアＰＣＭと豊富だ。ビットレートはフォーマットによって選べる範囲が異なるが、二五六／三二〇／三五二ｋｂｐｓ（キロバイト秒）といったハイビットレートを選択できるほか、リニアＰＣＭは一四一一ｋｂｐｓが可能。このレートだと四ＧＢ（システム使用分を除く実質は三・七ＧＢ）で六時間一〇分しか収容できないが、リニアＰＣＭ再生が可能という点はいい。クラシックの楽曲を収容するなら最低二五六ｋｂｐｓは欲しいが、これだと三四時間二〇分を収容できる。

まずは、「ｉＰｏｄ」との音質・音色の比較を行なう目的でＡＡＣフォーマット二五六ｋｂｐｓを選び、いつものノイマン指揮チェコ・フィル演奏のドボルザーク交響曲第九番を取り込んでみた。ほかにもマイルス・デイビスの「カインド・オブ・ブルー」やフランソワーズ・アルディ、中森明菜などを合計一〇時間分ほど収容し、削除したり入れ直したり、そのあとは延べ二日ほど再生し、イヤフォン／ヘッドフォンをあれこれ差し替えながらデジタル回路の慣らし運転を行なった。

まったくエージングなしの状態で聴いてみた印象は、さすがに音がザワザワ、カサカサしていたが、だんだん落ちついてくると、ＨＤという回転体を持たないことによるメリットが浮き出てきた。ＨＤの起動音がなくバックグラウンドのノイズフロアが低い。当然、ＨＤを回転させる必要がないから省電力設計であり、この点も音には好影響のはずだ。

イヤフォンは、リファレンスにしているシュアー「Ｅ３ｃ」を中心に、同じシュアーの「ＳＥ２１０」やエティモティックリサーチ製を試し、ヘッドフォンはもう一五年ほど愛用しているゼンハイザー「ＨＤ５６０」も含めて聴いてみた。「ｉＰｏｄ」との比較では、やや音が整理される印象かな、と感じた。こじんまりした再生音だ。ある決まった容積の中に音を整理して並べる。はみだしてしまう部分を切り取り、足りない部分は補う。私はそんな印象を持った。イヤフォン／ヘッドフォンで好みの音色に追い込めば、お手軽ＰＤＡＰとしてはなかなかの性能だ。

「ｉＰｏｄ」のメリットは、ジャズでときおり聴かせてくれるガツンというパンチ力であり、クラシック楽曲でときおり漂わせるムードであり、整理されない「ナマ感」のような質感だ。かたやデジタルウォークマンは、小奇麗に整理整頓した音色で「おもてなし」をしてくれる。どちらも前向きな演出であり、好みの範疇ということで片づけられるレベルだ。良質なイヤホン／ヘッドホンさえ選べば、デジタルウォークマンもｉＰｏｄも、うまく聴き手をその気にさせてくれる。

ＨＤ方式のｉＰｏｄは機械作動音が入るが、容量は大きい。フラッシュメモリー方式のｉＰｏｄ「シャッフル」および「ナノ」は記憶容量が少ないが、機械動作がない点が音に好影響を与えている。デジタルウォークマン「ＮＷ‐Ｅ０２６Ｆ」は後者が直接のライバルだ。ただ、マッキントッシュ愛用者はＳＯＮＹ製品をつかうことができない。ＰＤＡＰのためだけにわざわざウィンドウズＰＣを購入する意味はないと私は思う。

最近のＰＤＡＰに共通して驚くのは、リチウムイオン型二次電池の性能だ。果たしてイニシャルのＳＯＣ（ステート・オブ・チャージ＝充電状態）はどのように設定しているのだろうかと興味津々である。通常の小型機器では、最大九八％程度から残量三％程度あたりまでの範囲で充放電を繰り返し、電池の容量を目一杯利用するが、この手の安価なゼネラルオーディオ機器ではむしろ電池寿命と製品寿命をイコールにしてくれるほうがありがたい。携帯電話を「つねに充電スタンドに差しっ放し」にしていると電池寿命が短くなるのは、ＳＯＣと充電サイクル数の関係で起きることだ。これは二次電池の宿命であり、同じことはＰＤＡＰにもあてはまる。

　私の経験から言えば、ｉＰｏｄなども「なるべくバッテリーをつかい切る」ほうがいい。二次電池は保証充電サイクルがほぼ決まっており、半分以上の残量がある状態でこまめに継ぎ足し充電をすることのほうが、一般的には害である。五〇〇サイクルしかつかえない電池は、所詮は五〇〇サイクル用なのである。満充電になると二次電池への電力供給がカットされ過充電にならないような回路が充電器側に組み込まれていても、サイクル数は二次電池側の製造段階で決まっている。

　そんなわけで、ひさびさに購入したＳＯＮＹ製品にそこそこ満足した私は、いつものｉＰｏｄを家に置いてデジタルウォークマンを持って外出する日々をおくることになった。思えば、私が大学生の時代にＣカセ・ウォークマンが登場したときは、電車の中や喫茶店でそこそこいい音で音楽を聴くことができるということ自体、革命的なことだった。当時は新聞に「会話を拒否するウォークマン」などと書かれたこともあったが、音楽ファンにとっては夢のような機械だった。

　Ｃカセ・ウォークマンを購入し、この機械を目一杯利用するためにテープとの相性を観察したり、テープに録音する段階でさまざまなイコライジングカーブを試したり、とにかく私は入れ込んだ。アナログ時代には、ライブラリーをつくることそれ自体を工夫できたから楽しかった。デジタルウォークマンでテープヒスノイズがまったく出ない音を聴きながら、エアチェック中に飛び込んでくるアマチュア無線に「怒髪天を衝く」だったことを思い出した。貴重なライヴ音源のＦＭ番組をエアチェックしている最中にトラックの違法無線が飛び込んで来て、一巻の終わり。その部分だけ我慢すればいいなどという器用な聴き方はできなかった。マニアはだいたい「オール・オア・ナッシング」なのである。

「ひさしぶりに聴いてみようかな」

そう思った私は、階段下の物置から段ボール箱を引っ張り出してきた。「録音済」と書かれた箱である。中身はＣカセ。いまだにストックしてある自作のＣカセ・ミュージックテープは、その半数がＦＭ音楽番組のエアチェックテープだ。過去に何度か処分したため本数はだいぶ減っているが、捨てられないテープだけが残った。そのなかにＦＭ東京『オリジナルコンサート』のテープが数本。ムーティ指揮フィルハーモニア演奏のモーツァルト交響曲第四一番「ジュピター」を取り出した。一九八〇年、第三四回エジンバラ国際音楽祭でのライヴ録音である。これをＰＣに取り込み、デジタルウォークマンで聴いてみることにした。

使用機材は、ミュージシャンご用達のＲＯＬＡＮＤからＥＤＩＲＯＬブランドで発売されているＵＳＢオーディオ・インターフェイス、携帯電話を大きくしたようなサイズの「ＵＡ－１ＥＸ」である。アナログ音源をデジタル信号に変換する、いわゆるデジタル・アナログ・コンバーターだ。家電量販店では一万円を切る値段で売られている製品であり、Ｃ

カセやアナログレコードといったアナログ音源をPCに取り込むための機材としてはもっとも安価な部類のものだが、九六キロヘルツのハイサンプリングにも対応している。

プラスチック製の軽い筐体には、RCAピンの入力／出力ジャックと入力ボリューム、プラグインパワー方式のマイク入力（ステレオミニ）、三二／四四・一／四八／九六キロヘルツから選べるサンプルレート切り替えやアナログ／デジタルの入力切替えなどを行なうディップスイッチ、ヘッドフォン端子（ステレオミニ）およびボリューム……が備えてある。電源はPCのUSBポートからもらうから電池は不要。中身は一枚基盤で部品点数も最小限。シンプルかつ省電力という設計であり、これは音のクォリティの面でも好ましい。

まず、製品付属のCD‐ROMから、オーディオキャプチャーソフトウェア「Sound it!」をPCにインストールする。ウィンドウズとマッキントッシュの両方に対応しているので両方で試してみることにした。波形編集を行なえるソフトであり、アナログレコードに針を下ろす前から録音を開始し、あとで冒頭の無音部分を消去するという作業も簡単に行なえる。さっそく古いCカセ・テープをティアックの銘機「C‐1」にセットし、その出力を「UA‐1EX」に入れ、四八キロヘルツのサンプリングによる一六ビットのフォーマットで音源をウィンドウズPCに取り込んだ。そしてPCからデジタルウォークマンに転送。

オリジナルのCカセ・テープと比べると、わずかに人工的な音の印象だ。表面にヤスリ

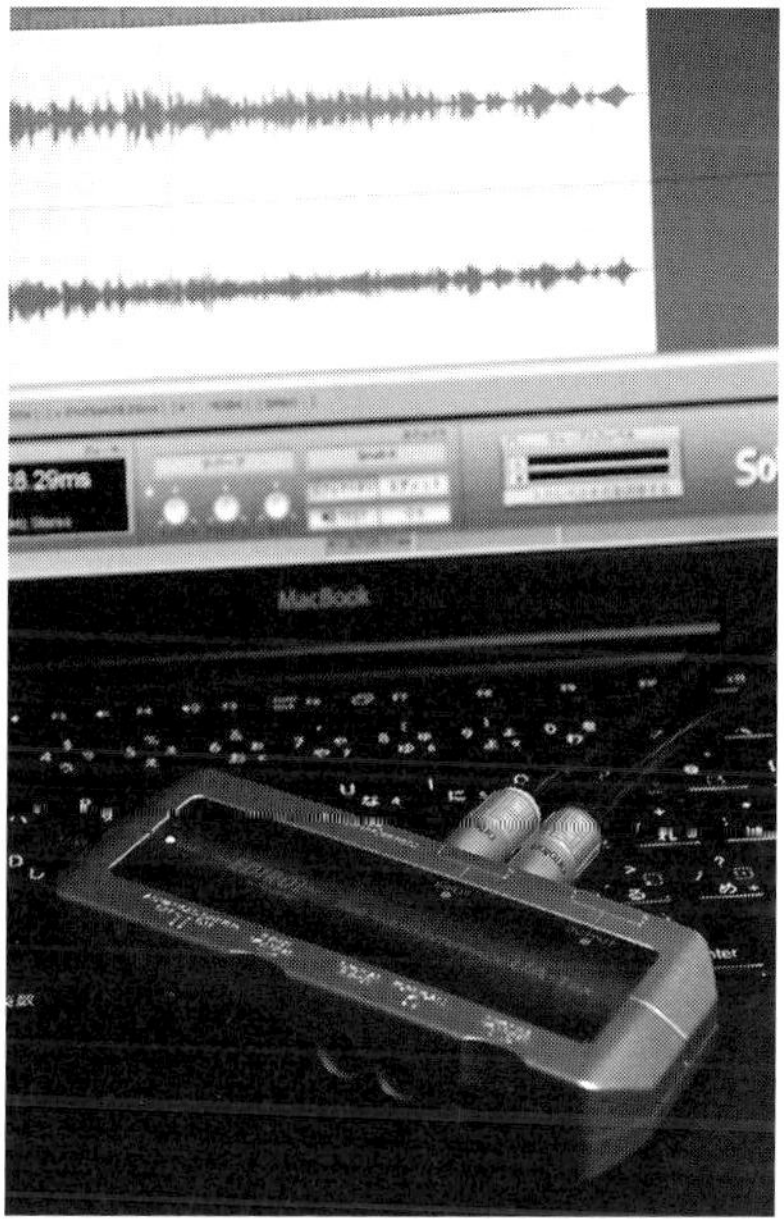

マックにつないだUA-1EXでアナログ音源を取り込む。波形編集もできるから、慣れてくると高度なワザを駆使したデジタル化が可能。

がけを行ない、砥粉による目止めをして再び磨き、樹脂系クリア塗料で仕上げたような音だ。木材の呼吸を止めてしまった音、ひとつの製品として状況を固定したような音に感じる。その分、暴れのない音だが、なんとなく生気が足りない。もともとのCカセ・テープの音も大したものではないから、まあ、こんなものかな……と思い、何日か「UA－1EX」を通電・通音させたのちに再びアナログ音源のデジタル化を試みたが、いくぶん音がこなれて生気が出てきた。オリジナルのアナログ音源との音色差は「雰囲気の差」というレベルだ。これくらいなら騙されても悔しくない。うまく聴き手を騙してくれるから「技あり」だ。一万円を切る値段の製品であることを思うと、コストパフォーマンスはひじょうに高い。

　こんどはマッキントッシュのPCをつかい、アナログ盤レコードから音を取り込んでみた。サキソフォンの名手、ジョン・コルトレーンと、とろけるような甘い声を持つ名ヴォーカリスト、ジョニー・ハートマンが共演した一九六三年録音のアルバム。題名はそのまま「ジョン・コルトレーン・アンド・ジョニー・ハートマン」。オリジナルのインパルス盤をガラードのターンテーブル「301」に載せた。製造から四五年は経ているだろう古い機材である。トーンアームも古いオルトフォンRMG-212。カートリッジはオルトフォンのオリジナルSPUを選んだ。

古い録音のアナログ音源を、古い機械で再生し、それをデジタル処理してPCに取り込む。文化遺産継承儀式のような作業だ。「Sound it!」の画面に表示されるレベル表示を見ながら、入力レベルを変えて何度かPCに録音した。デジタル録音ではオーバービット禁物なので、最初は小さめのレベルで取り込んだ。楽曲のほとんどを飽和レベルに対し五〇%以内に入れてみる。仕上がりを聴いてみると、ジョニー・ハートマンの声に「?」と思うところがたまにあった。バックに流れるピアノの音色はやや明るめの軽い音になっている。

入力レベルを追い込んで、最大音のところでオーバービットぎりぎりにしてみた。レコード盤の音に対しては「やっぱり……」と思うところもあるが、楽曲全体の雰囲気は壊れていないし、かなりイイ線をいっている。当たり前だが、レコードからCカセへのダビングで気になるヒスノイズが皆無。四八キロヘルツ／一六ビットというフォーマットのおかげだろうか、レコード盤を針がトレースするときののサーッフェイスノイズも「フツッ……ポソッ」と柔らかいままに再現されている。なかなかいいじゃないか！

こうなると、ほかの盤も試したくなる。重量級アナログ盤やダイレクトカッティング盤を取り出し、次つぎとヤマハ「GT－２０００」に載せた。トーンアームはストレートタイプの「YSA－２」に交換してあり、カートリッジはライラARGOを取り付けてある。筐体からはゴム系インシュレーターを取り外し、ピンポイントで金属製ベースに接地してある。長らく愛用してきたマイクロ製の糸ドライブ式「FX－１５００DGV」は置き場所の不足から処分してしまったので、現在、リジッドな構造のベルトドライブ方式ターンテーブルを物色中だが、私が「これはつかってみたいなァ」と思う製品はどれも販価一〇〇万円以上であり、しばらく「GT－２０００」に現役復帰してもらっているところだ。

針先（スタイラスチップ）のマスを極限まで減らしたライラARGOからの音は、デジタル化してPCに取り込んでも鮮烈だった。オルトフォンSPUのブ厚い中域は安心して聴いていられるが、現代のカートリッジは音の立ち上がりと減衰のレスポンスが素晴らしく、思わず身を乗り出してしまう。メーカー指定針圧の上限よりもほんのわずかに圧を加えた状態でつかい、九六キロのハイサンプリングも試してみた。一万以下の買い物だが、楽しみ方はじつに幅が広い。この機材の十数倍の値段で買ったデジタル録音機材は、たしかに素晴らしい出来栄えだが、この一万円には脱帽である。

それと、送り出し側につかったCカセ・デッキ。ティアック「C－１」とナカミチ「ZX－７」は、相変わらずいい音を出してくれる。メンテナンスさえ怠らなければ、これから先もＣカセ音源のデジタル化に力を発揮してくれることだろう。そう思うと、どうにも整理が面倒になって捨ててしまったＣカセ・ライブラリーが惜しく思える。数百本のＣカセ音源など、外付け用のＨＤにすんなり収まってしまう。千枚のアナログ盤もしかり。これからはＨＤへの音源保存を小まめにやらないとな……。

などと考えながらレコード棚をあさっていると、ありました。ビル・エバンスの名盤「ポートレイト・イン・ジャズ」のリバーサイド盤。これも貴重なオリジナル盤だからコピーしておこう。ヤマハＧＴ－２０００に載せ、ＰＣへの取り込みを始めた。四八キロヘルツ／一六ビットで取り込む。約五分で一〇メガバイトだから、このアルバムはｉＰｏｄシャッフルにも転送しておこう。

あ、八曲目。タイトルは「スプリング・イズ・ヒア」。いまの季節にちょうどいいタイトルだ。かつてＣカセを何本もショルダーバッグに詰め込んで桜の花が咲く公園へ出掛けたころのことをふと思い出した。厳選しないと荷物がかさむから、出掛ける前は「悩みの時間」だった。それが現在は、百円ライターほどの大きさのデジタルウォークマンとマッチ箱ほどのｉＰｏｄシャッフルで充分過ぎるくらいのライブラリーを持ち歩くことができる。音楽ファンにとっては素直に「いい時代だ」と考えるべきだろう。

リニューアルへ

故障が伝染した。タンノイ「アーデン」から音が出なくなったかと思ったら、アクースティックラボの「ボレロ」も片側のツィーターが息絶えた。両方ともお気に入りのスピーカーである。日々持ち歩いていたエティモティックリサーチ製イヤホンもコードが内部で断線した。これらはすべて左チャンネルのトラブルである。偶然だろうか、それとも……左側のホーンから音が出なくなったまま一年以上も放置してあるJBL製スピーカー「4425」の『たたり』だろうか。最近はほとんどオーディオ機材に触れていなかった。これは何とかしなければ……。

アクースティックラボ製の小型スピーカー「ボレロ」を購入したのはオーディオユニオンお茶の水店だった。九六年だから、もう一二年も前のことだ。同店に電話を入れ、不具合の状況を告げ、修理を依頼した。クルマにボレロを積み、お茶の水へと向かう。

「日本の輸入代理店に修理を頼むと、機材をスイスに送ることになるので、都合三ヵ月ほどかかるそうです。費用もそれなりにかかりますよ」
輸入元に電話して調べてくださった店員さんが言う。そうだろうな。ライカのカメラをドイツの本社に送ってオーバーホールしてもらったときは、クレームの再修理で最短三週間、通常のオーバーホールでは約三ヵ月かかった。某米国メーカー製の高額CDプレーヤーは、わが家へ戻ってくるまで五ヵ月もかかった。船便だとスイスまで片道三週間弱だから、都合三ヵ月は納得がゆく。

私のボレロは片側のトゥィーターから音が出ない。中高音域をトゥィーター、低音域をウーファーが受け持つ小型2ウェイのスピーカーで中高音が出ないのだから、まったくお話にならない。しかし、スイスまで送って修理してもらうとなると、修理金額の見積もりは約九万円だ。トゥイーター不良で交換となれば、片側だけ交換するわけにはゆかない。左側のユニットが新品で、右側は一二年を経過したものだとしたら、音はそろわない。二チャンネル・ステレオのオーディオ機器のばあい、両チャンネルで同じ部品を交換するのは鉄則だ。九万円という見積もりは、送料と工賃と部品代である。それも二本分だ。

「国内で修理するという選択肢もありますよ。ウデのいいリペアショップがあります」
そう言われて説明を聞いて、私はオーディオユニオンお薦めの小川電器商会に修理を依頼することにした。見積もりは約四万五〇〇〇円。半額である。修理期間も一ヵ月程度で済む。

修理依頼書を作成してもらっている間、店内を物色すると、なんと私の「ボレロ」と同じエラブル・ブルーで塗装された中古品が展示されていた。税込み一二万八〇〇〇円なり。同じ型のスピーカーが中古で一二万円しないのだから、スイス送りの修理代九万円は考えてしまう。その半額ならばＯＫ。販価四万五〇〇〇円でこれだけの音を出してくれるスピーカーはないだろう。購入価格はたしか二八万円ほどだった。一二年間も活躍してくれたのだから、残りの寿命も私の仕事部屋で全うしてもらいたい。

しかし、浮気者の私は、来店前にオーディオユニオンのウェブサイトをのぞき、中古品在庫リストをしっかりチェックしていた。Ｂ＆Ｗの「ＣＤＭ１」である。新品は税込み一〇万五〇〇〇円。店頭在庫の中古品は四万五八〇〇円。魅かれる値段だ。「ボレロ」の修理依頼をして、帰りにはクルマのトランクに「ＣＤＭ１」が収まっていた。なんのことはない。結局、「ボレロ」スイス行きの修理見積もりとほぼ同じ金額を払うことで、「ボレロ」とはまったくキャラクターのちがう中古スピーカーをわが家にお迎えすることになった。

さて、タンノイはどうしようか……ウーファーの中央部分にトゥイーターを内蔵した三八センチ口径の同軸ユニット「ＨＰＤ３８５」は、九九年にエッジを交換してある。しかし、左チャンネルにつかっていたユニットからガリガリと音が出始めたかと思ったら、ブツッと音がして、それ以来、音が出ない。修理可能とは思うが、この際、オーディオ機材の整理をしようと考え、オーディオ仲間に引き取ってもらうことにした。かねてより「捨てるときはオレがもらう」と言っていた友人は、代わりに古いデッカのフォノカートリッジ「マーク５」をくれた。同じ英国製品であり、ともにオールドタイマーである。こういう物々交換は嬉しい。

では、ＪＢＬはどうする？

輸入元に修理を依頼すれば引き受けてくれるが、いくらかかるだろう。捨てようか、それともネットオークションにジャンク品として出品しようか。でも、落札されると梱包して発送しなければならない。デカいからなぁ……。

そんなことを考えながら私は、資料の山に押しつぶされそうになっていた４４２５を引っ張り出し、スピーカースタンド上に寝かせた。ウーファーを覆っているサランネットを取り外し、キャビネットにウーファーを止めているネジをドライバーで緩め始めた。修理を依頼するにしても捨てるにしても、不具合箇所くらいは知っておこうと思ったのである。

じつは、手持ちの４４２５の具合が悪くなったのは約一年半前、〇七年一月のことだ。高音域用のホーンからの音が途切れ途切れになり、修理しようか、何か新しい機材でも買おうか……と考えていた。結局、修理を後回しにし、タンノイ「アーデン」を引っ張り出してつかっていた。ＪＢＬは資料の山に埋もれ、ホコリをかぶることになった。

ユニット型式２２１４Ｈ、口径一二インチ（三〇・五センチ）のウーファーは、一見、

上下さかさまになった4425。スピーカーユニットを取り外して状態をチェック。けっこう荒っぽい造りがアメリカ的だな。

なにごともなさそうな様子だが、エッジ部分に触れてみると少々ヤバそうだった。ウレタンが劣化している。

「あっ！」

やってしまった。すこし強めに指で押した部分のエッジが破れた。一年以上も電気信号を入れずに放っておいたことが災いしたのだろうか、水気のないスポンジがぼろぼろと崩れるように２２１４Ｈのエッジが裂けた。

「エッジ交換だな、まず……」

一カ所裂けてしまえば、あとはどこが裂けても同じだ。エッジのことは気にせず、私は作業をつづけた。プラスドライバーでウーファーを止めている四本のネジを外す。そのうちの一本は、キャビネット側に受け金具を仕込んであるはず。あった、三時の位置のネジだ。ネジの回転がかなり渋い。ヘアドライヤーでユニット外周部を少し暖めてからユニットを少し浮かし、キャビネットとユニットの間に薄板を差し込んで指をかけ、ゆっくりと下から押し上げながらネジを外した。さらに持ち上げてキャビネットから完全に取り出す。そして、ウーファーに平ギボシ式のコネクターを介してつながっている電線を外す。

つづいて、六角レンチ式のネジ六本でキャビネットに取り付けられているホーンユニットを外す。六角レンチはインチサイズである。三／三二インチ（約二・三八ミリ）をつかって、まずはネジを抜く。大きな蝶ネクタイのような形状のバイラジアルホーンは型式２３４２。その根元にコンプレッションドライバー「２４１６Ｈ」が取り付けられている。ドライヤーでネジ穴の周辺をゆっくりと暖め、隙間工具を差し込んでキャビネットとホーンの圧着を解く。苦労せずにホーンはポコンとはずれた。

すぐに検査だ。コンプレッションドライバーの端子にスピーカーコードを接触させ、一〇〇一ヘルツの信号を流してみた。ユニット自体が故障しているなら音は出ないはずだが……出た。一五〇〇ヘルツ、二〇〇〇ヘルツ、四〇〇〇ヘルツ……と順番に信号を入れる。周波数の異なる正弦波を記録した自作ＣＤ‐ＲＯＭをＣＤプレーヤーで再生すると、順番にユニットから音が出た。もっとも高価な部品であるコンプレッションドライバーが正常に作動することを確認できてホッとした。

「ユニットは壊れていない。ということは、たぶんアッテネーター（可変抵抗）だろうな」

キャビネット正面を飾っている縦長の銘板には、ふたつの回転式アッテネーターのための目盛りがある。このプレートをドライヤーで暖め、裏面の接着剤を融かす。二分ほど暖

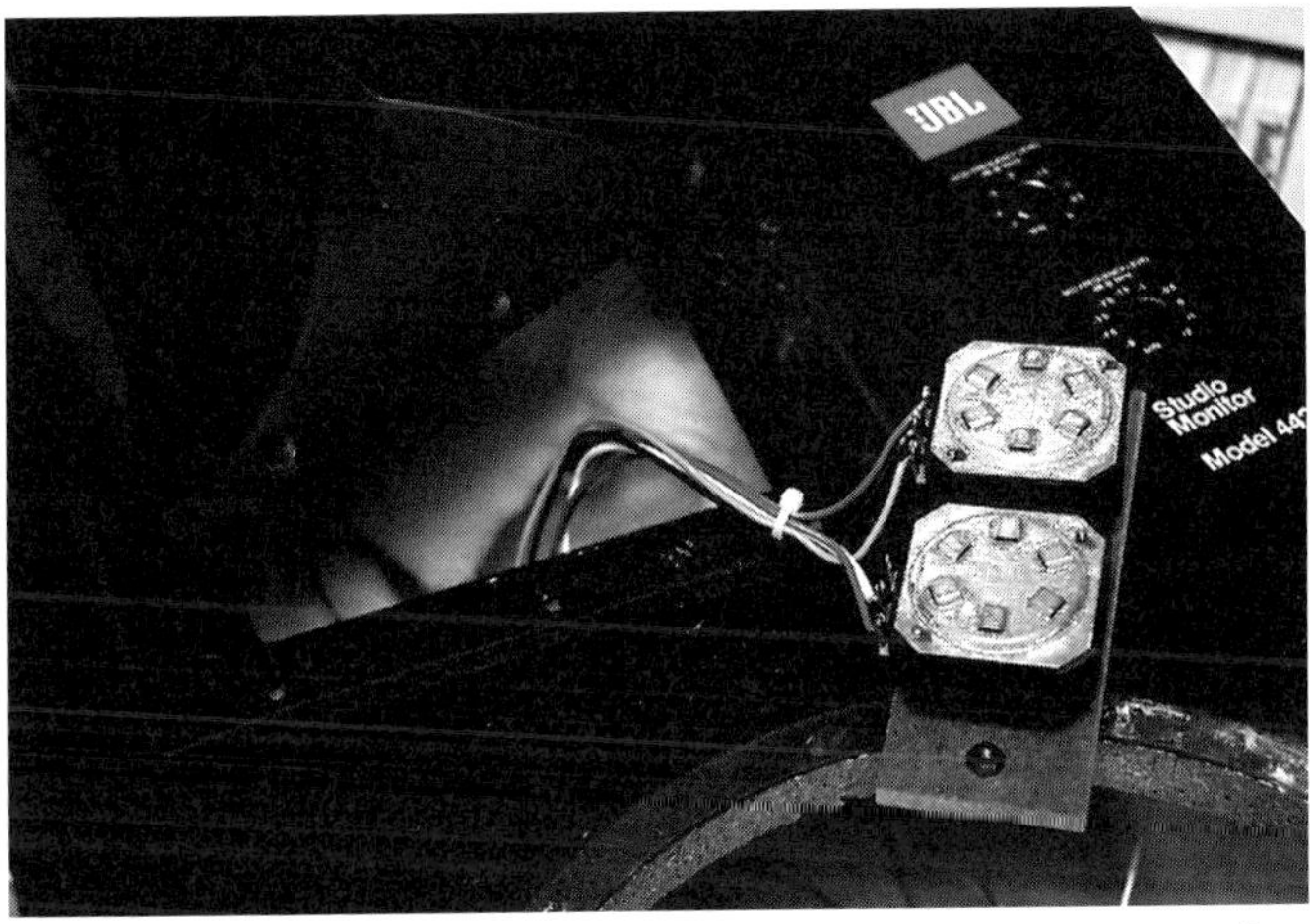

ホーン用のコンプレッションドライバーは生きていた。問題はこのアッテネーター。左右で合計４個を交換すれば元に戻るだろう。

めてから隙間工具を差し込み、少し力を入れると、銘板はペロッと剥がれた。ついでにキャビネットの黒い塗料も少しはがれたが、この部分は銘板に隠れて見えない。

　アッテネーターをキャビネットに固定しているネジは三カ所。これをプラスドライバーで外す。ほかにも二カ所のネジが見えるが、これは関係ない。スピーカーケーブルをキャビネットのターミナルにつなぎ、一〇〇〇ヘルツの信号を送る。テスターをつかってアッテネーターへの電力供給を調べてみると……やっぱりここだった。テスターの針が振れない。となると、一本あたりふたつ、左右で合計四つのアッテネーターを交換すればいい。

「念のためにネットワークはどうだろう」

　ウーファーを取り外したキャビネットの背面に、クロスオーバーネットワークが取り付けられている。アンプからの音楽信号を中高音と低音とに分け、それぞれをトゥイーターとウーファーに送る回路だが……オーケー、ここまではちゃんと信号が届いている。よかった。八オームのアッテネーター四個なら、ＪＢＬ輸入元のハーマンインターナショナルに注文しても一万円程度の部品代で済む。ついでに張り替え用のウーファー・エッジを調達しよう。試しに鹿皮製品をつかってみようかな。自分で張り替えれば、これも部品代だけで済む。タンノイはわが家を去ったが、ＪＢＬはまだしばらくつかえそうだ。リニューアルは自分の手でやろう！

さっそく部品をオーダーしないと。いや、待てよ……ネットオークションに出ていないかなぁ……ヤフーでもイーベイでもいいや、ちょっと探してみよう。その間、４４２５には二階のリビングの隣で休んでいてもらおう。

けっこう重たい４４２５を抱えてせっせと階段を上り、通称「ピアノ室」の隅に４４２５ペアを押し込んだ。この部屋を好んで暮らしている愛犬二匹が、見慣れないヤツの登場を興味深く見ている。近付いてクンクン。それを見た妻がつぶやく。

「この部屋もついに物置ね」

なんと言われようが、私の仕事部屋にはスペースの余裕などない！　一組のスピーカーがいなくなるチャンスを利用して資料整理をしなければ、執筆活動にも影響が出る。それくらい仕事部屋は散らかっている！　ついでにオーディオ機材の配置替えもやる。

「あ、その前にＢ＆Ｗをセッティングしないと」

やってきた新顔。中古のCDM1は、思いのほかセッティングの妙を楽しませてくれる。ノーチラス805のほうがセッティングは楽

CDM1は、気になっていたけれど買わなかったスピーカーである。これをボウ・テクノロジーズのプリメインアンプ「ZZ-One」で鳴らしてみたかった。オーディオ雑誌がこぞって絶賛したB&W「ノーチラス805」は、たしかにイイ音だった。ジャズも中森明菜もいい音だった。クラシックはもちろん上質。しかし、まとまりが良過ぎてつまらなかった。CDM1、それも改良型の「SE」やビッグチェンジ版の「NT」ではなく、オリジナルのCDM1に興味を持ったのが、つい最近である。

しばらく通電させていなかった「ZZ-One」を引っ張り出し、CDプレーヤーにはマランツ「CD-72a」を組み合わせた。アンプだけが突出して高価というアンバランスな組み合わせだが、これがなかなかおもしろい。CDM1はセッティングで化けるスピーカーと見た。どのように接地させるかで音ががらりと変わる。ワイヤーシェルフのスタンドに置いてみると、スピーカー周辺の空間の取り方で音は激変する。背後の空間を広めに取るほうが好結果が得られる。そして、

トゥイーターを自分の方向にどう向けるかで音像が微妙に変わる。サービスエリアは広いようで狭い。

一年ほど眠っていたアンプを叩き起こし、準備運動させながらスピーカーの置き位置を詰め、とりあえずCDを一〇枚ほどかけたところで仮決めとした。ダクトに詰め物をしないと低音がかなり強いが、詰め物をすると少し物足りない。そこで、オーディオリプラスのルームチューニング材「RAC－100」を片側二個ずつつかってみた。これは立方体形状のルームチューニング材で、定在波を減らす効果がある。しかし、個人的にはスピーカーキャビネットの周囲を流れる音の速さと流量をコントロールするアクセサリーとしてつかっている。これがなかなか効くのだ。

低音に締まりが感じられるようになったので、こんどはスピーカーケーブルを換えてみる。スピーカーの位置と周辺環境も固定してからケーブルとの相性を見る。まずはオーディオテクニカ製の単線ケーブルから始め、年代モノのWE（ウエスターン・エレクトリック）製エナメルコート単線、標準器的なベルデン「8470」など、愛用のケーブルを六本試してみる。ほかの仕事をしながらのケーブル交換なのである一日かかった。

橋本電線（http://www.hashimoto-densen.com）製のパワード・シールド方式ケーブルも試してみた。シールドに乾電池で微弱な電圧を与えるケーブルである。私はバイアスモジュールを使用せず、シールドからの引き出し線にそのまま単四乾電池のプラス側を接触させ、テープで巻いて留めている。S／N比と解像度をねらうときには必ず試すケーブルだが、思ったとおり、低域の解像度が増した。しばらくこれで聴こう。

先週までタンノイ「アーデン」が鎮座していた場所に、同じ英国製ながら製造年が三〇年も違う、箱の容積はおそらく十分の一以下というB＆W「CDM1」がいる。見慣れない光景は新鮮でもあり、毎日のようにスピーカースタンドの位置を数センチ単位で変えている。現在はスピーカーの左右と後方になるべく大きな空間を確保し、アーデンの定位置よりスピーカーを二〇センチほど前に出してある。

思い切って聴取位置の近くにスピーカーを置いてみたところ、これがなかなかいい。いわゆるニアフィールドリスニングである。トゥイーターと耳の位置関係がピタリと決まったときには、音が詰まった大きな球体の中心で聴いているような雰囲気を楽しめる。

小型だからこそ可能な聴き方だ。三八センチ径ユニットでは、こうはいかない。日本の一般的な住宅事情では、このCDM1のようなサイズ、底面二二〇×二七四ミリ、高さ三七〇ミリは楽しみ方が豊富だ。「ボレロ」も似たようなサイズだから、修理から戻ったときには対決させよう。あとは、気になっているB＆W「685」だ。家電量販店では一ペアで税込み七万九八〇〇円が相場。オーディオマニアから見れば入門機の価格だが、店頭で試聴した印象では、相当な実力を持っていると見た。

だいたい、いまのオーディオ機器は高すぎる。いわゆるミニコンポではない、良質でユーザー自身の創意工夫努力をかき立てるような製品は、スピーカー／アンプ／CDプレーヤーというミニマム三点セットでも二〇万円を超える。ひじょうに良心的なケンウッドの「Kシリーズ」から量販店価格で合計七万五〇〇〇円程度のアンプ／CDプレーヤーを選び、オンキョー「D－312E」のようなペア実売価格八万円弱程度の「取り組み甲斐」のあるスピーカーを組み合わせれば一五万円台で入手できるが、いまの日本では、この値段でもなかなか買ってもらえない。物価は上がるけど賃金は上がらないのだから。

一九七〇年代後半、日本のオーディオ製品が外貨獲得商品だった時代に、私はトリオ（現ケンウッド）のアンプにダイヤトーン（三菱電機）のスピーカー、アナログプレーヤーはマイクロのベルトドライブ、カートリッジはデンオン（現デノン＝DENON）という純国産のセットでオーディオ・コンポーネンツの世界に入った。幸せな時代だったと思う。しかし、日本のオーディオ業界は豊作貧乏が大好きで、価格競争の果てに共倒れ。ブランドが消え、市場は冷え込み、文化的商品が店頭から消えた。

二輪車のHY戦争（ホンダ対ヤマハ）もそうだが、終わってみれば共倒れという価格競争を日本企業は好む。ほかの業界で前例があるのに、売上高と出荷台数ばかりに目が行く。オーディオでもオートバイでも、高収益商品として生き残りユーザーに支持されるのは、主張たっぷりの欧米メーカー製だけという結果だった。つい最近のプラズマディスプレイ戦争も似たようなもので、技術を食いつぶし、本道ではない枝葉末節の部分に消費者の目を向けさせ、宣伝と店頭価格という札束での体力勝負に持ち込みながら目の肥えたマニアを追い出し、商品知識のない一般大衆に高いお金を払わせるというシナリオである。これはオートバイやオーディオが経験した道である。

蛍光灯の光が目に痛い家電量販店のテレビ売り場で、目一杯誇張した画面設定でテレビ番組を見せ、「いいでしょう」と言ってくる店員さんも、話し込んでみると「コントラスト比なんて、一般家庭でDVDを見る視聴環境じゃ一万対一も必要ないですよ」と言ってくれる。「でも、日本のお客さんはスペックに弱いんですよね」と。そして、私とその店員さんのところに寄ってきた、某大手家電メーカーから派遣されたヘルパーさんに「ボクはパイオニアのプラズマを買いました」と言われると、妙に納得してしまう。

いずれにしても、私にとってやるべきことはJBL4425のリニューアルだ。これを終わらせるまで機材の浮気は一時休止。そう思って取り組んでいる。しかし、ピアノ室に運んだ4425は、数週間後には妻の手によって二階の廊下に放置される始末。その前を通過するたびに「秋葉原の匂い」を感じる。

「もう少し待っていてね」

はたしてリニューアルされるのはいつだろう。もう夏も終わってしまった。

あとがき

ボレロは帰ってこなかった。

修理に出したものの、ウーファーのセンター出しをしなければならないとか、内部で配線がプラス／マイナス逆になっているとか、あちこちに不具合があることが指摘された。すべて直すと一〇万円近い出費になるため、廃棄処分にしていただいた。

配線の件は私も知っていた。買ったときから片側が逆位相だった。だからプラスとマイナスを反対につないでいたのだが、それで音がちゃんと出るので、クレーム修理に出そうという気にもならなかった。何の不自由もなかった。ウーファーのセンターがズレていることは知らなかったが、年を重ねるごとにだんだんズレてきたのだろうか。いずれにしても、私の部屋に戻って来ると思っていたボレロは、帰ってこなかった。

不具合が出たＪＢＬは自分の手でバラバラにしてしまい、修理はこれからだ。タンノイ・アーデンは友人宅へと旅立った。ビクターやらオンキョーやらの小型スピーカーは、後輩たちの部屋へと奉公に出した。音を出すことができるのは、中古で購入したＢ＆ＷのＣＤＭ１だけである。部屋の整理はまったく進まず、スピーカー探しは中断したままだ。カセットデッキ群とアナログレコードの再生装置は休眠状態で、たまに電源を入れて様子を見る程度になってしまった。本業である自動車および機械関係の取材と原稿執筆がかつてないほど忙しく、じっくりとオーディオに浸る時間が激減してしまったというのが最大の理由だ。フリーの「もの書き」にとって仕事があるという状況はありがたいことで、私はいま、自分の好きな仕事にどっぷり浸っている。しかし、仕事に浸れば浸るほどオーディオが気になるという毎日である。忙しいときほど、いい音を聴きたくなる。

最近、足しげく通っているのは自動車部品メーカーだ。日本の部品メーカーが持つ底力を肌で感じる毎日である。自動車メーカーが要求するスペックを、原材料高という荒波のなか、強烈なコストプレッシャーに耐えながら安定供給する企業群である。自動車メーカーが決算発表のなかで「コストダウン努力の結果」と称している利益は、おそらくは半分以上が部品メーカーに対する厳しいコスト低減要求がもたらしたものである。

そのいっぽうで、日本の部品メーカーの多くは欧州でせっせと売り込みを行なっている。どんな要求でも見事に実現してしまう技術力は高く評価されている。日本の自動車部品メーカーの製品が「安物」なのではなく、日本の自動車メーカーが要求する部品が「安物」なのだ。BMWにも、メルセデスベンツにもプジョーにも、日系部品メーカーの製品がつかわれている。そして、日本の部品メーカーが開発した「いちばん新しいもの」を、尊敬を込めた適正価格で欧州の自動車メーカーは購入している。ほぼ同じスペックの部品が、欧州では日本の二倍の価格で売れるということも珍しくない。自動車メーカーと部品メーカーが互いに尊敬し合いながらモノづくりを行なうという姿勢が、まだ欧州にはある。

「日本の某大手自動車メーカーには、正直言って新しい部品の提案はしたくない。彼らは値段のことしか言わないですからね。いま、ウチが開発した最新の部品を買ってくれるのは欧州の自動車メーカーです。機能に対して正当な対価を支払ってくれます。最近は欧州でも日本のような厳しいコスト要求が流行してきましたが、それでも、まだまだ我われの取りしろがあるんです」

こう話してくれた人が、大のオーディオ好きだった。

「楽しい仕事をしていないと休日のオーディオいじりも楽しくないですね。オーディオはストレスを発散できる趣味ではなく、自分の生き方そのものです。オーディオに逃げ込めると思ったら大間違いで（笑）」

うん、よくわかる。真面目に仕事をしている人々が報われる世の中でないと、オーディオ業界は盛り上がらない。つくづくそう思う。いつか日本のオーディオ業界が、かつての活況を取り戻し、マニアが嬉しい悲鳴をあげる。そんな日を私は夢見ている。

著者

二〇〇八年九月

索　　引

牧野茂雄（まきのしげお）
1958年東京下町の生まれ。日本大学芸術学部卒。新聞記者、出版社編集顧問、自動車雑誌編集長を経てフリージャーナリストに。自動車雑誌から経済誌、ラジオ、テレビ、海外媒体まで幅広い活動を行う。小社の「クラシックジャーナル」誌でオーディオのコラムを担当。自動車関係の著書多数。

されどアナログな日々

第1刷発行　2008年10月10日

著　者●牧野茂雄
発行者●中川右介
発行所●株式会社アルファベータ
107-0062　東京都港区南青山2-2-15-436
TEL03-5414-3570 FAX03-3402-2370
http://www.alphabeta-cj.co.jp/
編集協力●小文パブリッシング
印刷製本●シナノ

定価はダストジャケットに表示してあります。

乱丁・落丁はお取り換えいたします。
ISBN978-4-87198-558-1 C0073